BEI GRIN MACHT SICH IHR WISSEN BEZAHLT

- Wir veröffentlichen Ihre Hausarbeit,
  Bachelor- und Masterarbeit

- Ihr eigenes eBook und Buch -
  weltweit in allen wichtigen Shops

- Verdienen Sie an jedem Verkauf

**Jetzt bei www.GRIN.com hochladen
und kostenlos publizieren**

Die Nullstellen der Weierstraß'schen p-Funktion nach Martin Eichler und Don Zagier. Überlagerungstheorie und Jacobiformen

Dominik Seel

Bibliografische Information der Deutschen Nationalbibliothek:

Die Deutsche Nationalbibliothek verzeichnet diese Publikation in der Deutschen Nationalbibliografie; detaillierte bibliografische Daten sind im Internet über http://dnb.d-nb.de abrufbar.

ISBN: 9783346578778
Dieses Buch ist auch als E-Book erhältlich.

© GRIN Publishing GmbH
Nymphenburger Straße 86
80636 München

Druck und Bindung: Books on Demand GmbH, Norderstedt Germany
Gedruckt auf säurefreiem Papier aus verantwortungsvollen Quellen

Das vorliegende Werk wurde sorgfältig erarbeitet. Dennoch übernehmen Autoren und Verlag für die Richtigkeit von Angaben, Hinweisen, Links und Ratschlägen sowie eventuelle Druckfehler keine Haftung.

Das Buch bei GRIN: https://www.grin.com/document/1168684

Ruprecht-Karls-Universität Heidelberg

Fakultät für Mathematik und Informatik

Bachelorarbeit

Die Nullstellen
der Weierstraß'schen p-Funktion

zur Erlangung des akademischen Grades

"Bachelor of Science" (B.Sc.)

im Fach Mathematik

vorgelegt von Dominik Seel

Abgabe am 31. August 2021

Studiengang: BA Mathematik

Zusammenfassung

Diese Arbeit behandelt die explizite Darstellung aller Nullstellen der Weierstraß'schen $\wp$-Funktion auf Basis der von M. Eichler und D. Zagier gewonnenen Erkenntnisse. Hierzu nutzen wir bereits bekannte Resultate zur Theorie der Modulformen und der Riemann'schen Flächen aus der Funktionentheorie. Weiterführend verstehen wir die Weierstraß'sche $\wp$-Funktion als meromorphe Jacobiform vom Gewicht 2 und Index 0 und geben im Zuge dessen ihre Fourierentwicklung an.

Abstract

In this thesis we will calculate explicitly all zeros of the Weierstrass $\wp$-function on base of M.Eichler's and D.Zagier's work. Therefore we use known results about the theory of modular forms and Riemann surfaces of the complex analysis. We further understand the Weierstrass $\wp$-function as a meromorphic Jacobi form of weight 2 and index 0 and show its Fourier expansion in the wake of this.

Inhaltsverzeichnis

1 Einleitung

Bereits im 18. Jahrhundert begannen die Mathematiker G.Fagnano und L.Euler erste Untersuchungen an elliptischen Integralen wie $E(x) := \int_0^x \frac{dt}{\sqrt{1-t^4}}$ im Rahmen verschiedener geometrischer oder physikalischer Probleme (vgl. [FB06, S.255]). Dies führte zur Betrachtung der Umkehrfunktion E^{-1}, welche auf Basis der Studien von N.H.Abel zum einen meromorph auf $\mathbb{C}$ fortsetzbar ist und zum anderen sowohl eine reelle als auch eine komplexe Periode besitzt.

So entwickelte sich über den historischen Ausgangspunkt der elliptischen Integrale die Theorie elliptischer Funktionen, die als doppeltperiodische, meromorphe Funktionen in $\mathbb{C}$ verstanden wurden. Neben N.H.Abel beschäftigte sich auch der Mathematiker C.G.J.Jacobi mit diesen neuen Errungenschaften, wählte jedoch den anderen Zugang über Thetafunktionen (vgl. [KK13, S.9]). Viele Sätze, die bereits über elliptische Integrale bekannt waren, konnten mühelos auf elliptische Funktionen übertragen werden. Dies brachte K.Weierstraß Mitte des 19. Jahrhunderts dazu, sich der Thematik aus rein funktionentheoretischer Sicht zu nähern.

Wir erinnern hierzu zunächst an die Definition eines Gitters $\Gamma(w_1, w_2) = \mathbb{Z}w_1 \oplus \mathbb{Z}w_2$, welches wir als Menge ganzzahliger Linearkombinationen aus zwei komplexwertigen Basisvektoren w_1 und w_2 verstehen. Wir können und möchten bereits stillschweigend annehmen, dass das Gitter $\Gamma(w_1, w_2)$ mittels $w_1 := 1$ und $w_2 := \tau$, also $\Gamma(\tau) = \mathbb{Z} \oplus \mathbb{Z}\tau$, für ein τ in der oberen komplexen Halbebene $\mathbb{H} = \{z \in \mathbb{C} \mid \text{Im}(z) > 0\}$ skaliert werden kann.

Im Zuge dessen bezeichnen wir eine gegebene Funktion f aus dem Körper der meromorphen Funktionen $\mathcal{M}(\mathbb{C})$ als elliptisch, falls $f(z + \gamma) = f(z)$ für alle $z \in \mathbb{C}$ und $\gamma \in \Gamma$ gilt. Darauf aufbauend stand für K.Weierstraß, wie auch für diese Arbeit, eine spezielle elliptische Funktion im Fokus: die durch

$$\wp(z, \tau) := \begin{cases} \frac{1}{z} + \sum_{\substack{\gamma \in \Gamma(\tau) \\ \backslash \{0\}}} \left(\frac{1}{(z+\gamma)^2} - \frac{1}{\gamma^2} \right) & , \gamma \notin \Gamma(\tau) \\ \infty & , \gamma \in \Gamma(\tau) \end{cases}$$

gegebene Weierstraß'sche $\wp$-Funktion. Sein besonderes Interesse rührt diesbezüglich aus der fundamentalen Tatsache, dass alle elliptischen Funktionen aus der $\wp$-Funktion hervorgehen. Dies stellt eines der wichtigsten Resultate der Theorie elliptischer Funktionen dar. Anhand obiger Konstruktion in Form einer Mittag-Leffler-Partialbruchreihe bemerken wir, dass die $\wp$-Funktion nicht von der konkreten Wahl der Basisvektoren, sondern nur vom Gitter $\Gamma := \Gamma(\tau)$ abhängt. Deshalb beschreiben wir die $\wp$-Funktion im Folgenden hinsichtlich ihrer Abhängigkeit von $\tau \in \mathbb{H}$ lediglich durch $\wp(z, \tau)$ und meinen stets die Definition auf einem beliebigen Gitter Γ.

Wie weiterführende Untersuchungen zeigen, weist auch die Ableitung

$$\wp'(z, \tau) = -2 \sum_{\gamma \in \Gamma(\tau)} \frac{1}{(z + \gamma)^3}$$

nützliche Eigenschaften auf. Hierbei ist hervorzuheben, dass eine algebraische Differentialgleichung in Termen von $\wp$ und $\wp'$, die in Abschnitt 2.2 behandelt wird, angegeben werden kann.

Die Gestalt der $\wp$-Funktion und ihrer Ableitung lässt zunächst erahnen, dass sowohl die Nullstellen als auch die Pole schnell angegeben werden können. Tatsächlich trifft dies auch größtenteils zu, worauf im nächsten Kapitel näher eingegangen wird.

Verblüffend scheint deshalb umso mehr, dass gerade die Nullstellen der $\wp$-Funktion für lange Zeit nicht explizit berechnet werden konnten. Diese erst im Jahre 1982 von M. Eichler und D. Zagier gelöste Problematik steht somit im Mittelpunkt dieser Arbeit, die beleuchten soll, welche unterschiedlichen Argumente in den Beweis eingehen.

Im ersten Abschnitt möchten wir zunächst grundlegende, wohlbekannte Resultate aus der Funktionentheorie rekapitulieren. Diese beziehen sich zum einen unmittelbar auf die Weierstraß'sche $\wp$-Funktion, und zum anderen auf die Theorie der Modulformen.

Darauf aufbauend wird die Überlagerungstheorie eingeführt, um nützliche Aussagen über die als analytisches Gebilde aufgefasste Nullstellenmenge der $\wp$-Funktion zu treffen. Wir behandeln verzweigte und unverzweigte Überlagerungen, die uns die Angabe einer Laurentreihe zu der lokal definierten z_0-Funktion ermöglichen.

Der dritte Teil der Arbeit behandelt Jacobiformen, die als Erweiterung der Modulformen in zwei Variablen verstanden werden. Im Zentrum steht hier, dass die $\wp$-Funktion eine meromorphe Jacobiform vom Gewicht 2 und dem Index 0 ist und dass eine konkrete Fourierentwicklung angegeben werden kann.

All diese vorher erarbeitenden Erkenntnisse bringen wir im konkreten Beweis der Nullstellenformel nach D. Zagier und M. Eichler im vorletzten Kapitel zusammen. In einem kurzen, abschließenden Ausblick formulieren wir weiterführende Aussagen und heben hervor, dass auch andere Funktionen die gleichen Nullstellen wie $\wp(z, \tau)$ haben können.

2 Grundlagen

Im Jahre 1982 haben die beiden Mathematiker M. Eichler und D. Zagier eine explizite Darstellung der Nullstellen der Weierstraß'schen $\wp$-Funktion veröffentlicht. Wie in [EZ82, S.399] gilt es in dieser Arbeit konkret nachzuweisen, dass auf die Nullstellen $z \in \mathbb{C}$ mit $\wp(z, \tau) = 0$ via

$$z = m + \frac{1}{2} + n\tau \pm \left(\frac{\log(5 + 2\sqrt{6})}{2\pi i} + 144\pi i\sqrt{6} \int_{\tau}^{i\infty} (s - \tau) \frac{\Delta(s)}{E_6^{3/2}(s)} \, ds \right)$$

für $m, n \in \mathbb{Z}$ und $\tau, s \in \mathbb{H}$ geschlossen werden kann.

Es wird sich herausstellen, dass viele unterschiedliche Aspekte der komplexen Analysis wie Überlagerungstheorie oder die Eigenschaften von sogenannten Jacobiformen aufgegriffen werden müssen. Wir starten mit grundlegenden Eigenschaften der $\wp$-Funktion und bekannten Resultaten zu Modulformen, die jedoch vorwiegend axiomatisch ohne Beweis angegeben werden.

2.1 Abel'sches Theorem

Das Ziel dieses Abschnittes besteht darin, die Frage nach der Existenz von Pol- und Nullstellen für elliptische Funktionen zu beantworten (vgl. [FB06, Kap.V, §6]). Bereits aus der Einführung sind eine Vielzahl fundamentaler Aussagen zur Weierstraß'schen $\wp$-Funktion angeklungen. Diese fassen wir der Vollständigkeit und Einfachheit halber in folgendem Satz zusammen.

Satz 2.1. (grundlegende Eigenschaften der $\wp$-Funktion). *Für die durch*

$$\wp : \mathbb{C} \times \mathbb{H} \to \mathbb{C} \cup \{\infty\} = \hat{\mathbb{C}}, \wp(z, \tau) := \begin{cases} \frac{1}{z^2} + \sum_{\gamma \in \Gamma \setminus \{0\}} \left(\frac{1}{(z+\gamma)^2} - \frac{1}{\gamma^2} \right) & , \gamma \notin \Gamma(\tau) \\ \infty & , \gamma \in \Gamma(\tau) \end{cases}$$

definierte Weierstraß'sche $\wp$-Funktion auf einem Gitter $\Gamma = \mathbb{Z} \oplus \mathbb{Z}\tau$ gilt:
(i) $\wp(z, \tau)$ ist eine elliptische Funktion für ein fixes $\tau \in \mathbb{H}$ mit Polen zweiter Ordnung in den Gitterpunkten $\gamma \in \Gamma$,
(ii) $\wp'(z, \tau)$ ist eine elliptische Funktion für ein fixes $\tau \in \mathbb{H}$ mit Polen dritter Ordnung in den Gitterpunkten $\gamma \in \Gamma$ und Nullstellen in den Punkten $z \in \left\{ \frac{1}{2}, \frac{\tau}{2}, \frac{1+\tau}{2} \right\}$ modulo Gitter.

3

Im Folgenden seien durch $e_1 := \wp\left(\frac{1}{2},\tau\right), e_2 := \wp\left(\frac{\tau}{2},\tau\right)$ und $e_3 := \wp\left(\frac{1+\tau}{2},\tau\right)$ die Zweiteilungswerte gekennzeichnet, die als Bildpunkte der $\wp$-Funktion zu den Nullstellen von $\wp'$ zu verstehen sind. Offensichtlich trifft dieser Satz 2.1 keinerlei Aussagen hinsichtlich der Nullstellen $z \in \mathbb{C}$ mit $\wp(z,\tau) = 0$, weswegen wir uns hier dieser Thematik widmen wollen. Nichtsdestotrotz genügt bereits die Betrachtung der $\wp$-Funktion als elliptische Funktion, um die Anzahl und Vielfachheit der Nullstellen zu postulieren. Hierzu bedarf es der Anwendung des in der Theorie elliptischer Funktionen bedeutsamen Abel'schen Theorems.

Satz 2.2. (Abel'sches Theorem). *Eine elliptische Funktion zu vorgegebenen Nullstellen* $a_1, ..., a_n$ *und Polstellen* $b_1, ..., b_m$ *existiert genau dann, wenn* $m = n$ *gilt und die folgende Abel'sche Relation erfüllt ist:*

$$a_1 + \cdots + a_n \equiv b_1 + \cdots + b_n \quad \mod \Gamma = \mathbb{Z} \oplus \mathbb{Z}\tau.$$

Unter Anwendung des Abel'schen Theorems auf Basis der in Satz 2.1(i) erhaltenen Pole lässt sich somit auf zwei Nullstellen $z_+(\tau)$ und $z_-(\tau)$ modulo Gitter schließen. Hierbei ist anzumerken, dass $z_+(\tau)$ und $z_-(\tau)$ auch zu einer einzigen Nullstelle zusammenfallen können und deshalb stets mit Vielfachheiten gezählt wird. Insbesondere gilt

$$z_+(\tau) + z_-(\tau) \equiv 0 \quad \mod \Gamma$$

für $z_\pm(\tau) \in \mathbb{C}$ mit $\wp(z_\pm(\tau),\tau) = 0$. Wir erhalten: $z_-(\tau) \equiv -z_+(\tau) \mod \Gamma$.

Konstruktion der z_0-Funktion

Es wurde gezeigt, dass in einem Gitter $\Gamma = \mathbb{Z} \oplus \mathbb{Z}\tau$ stets zwei, nicht notwendigerweise verschiedene Nullstellen $z_\pm(\tau)$ modulo Gitter für die Weierstraß'sche $\wp$-Funktion vorliegen. Diese Abhängigkeit vom Gitter Γ kann insofern umgangen werden, als dass wir die Funktion $z_0(\tau)$ definieren, die diese Nullstellen in einer betrachteten Gittermasche repräsentiert. Dabei fixieren wir ein konkretes $\tau \in \mathbb{H}$ und behandeln die lokale Nullstellenfunktion $z_0(\tau)$ in nur einer Variable. Es wird sich dann herausstellen, dass für eine konkrete Nullstelle $z_0(\tau)$ alle weiteren Nullstellen der $\wp$-Funktion angegeben werden können.

Dazu nutzen wir die bekannte Theorie der Riemann'schen Flächen, auf die im nächsten Kapitel noch ausführlicher eingegangen wird. Durch die Mehrwertigkeit der Funktion $z_0(\tau)$ formulieren wir diese auf einem analytischen Gebilde, welches im Gegensatz zur Riemann'schen Flächen Singularitäten der zu betrachtenden Funktion zulässt. Dieses ist dann genau die Nullstellenmenge der Weierstraß'schen $\wp$-Funktion

$$\mathcal{N} := \{(z,\tau) \in \mathbb{C} \times \mathbb{H} \mid \wp(z,\tau) = 0\}.$$

Tatsächlich kann auf diesem analytischen Gebilde eine lokal konstruierte Funktion $z_0(\tau)$ betrachtet werden. Dies folgt aus dem Satz von der impliziten holomorphen Funktion, wobei wir zunächst die Holomorphie in mehreren Variablen erklären.

Definition 2.3. *(Holomorphie mehrerer Veränderlichen.) Sei $D \subseteq \mathbb{C}^n$ eine offene Teilmenge. Sei weiterhin $\Delta(w, r_1, \cdots, r_n) \subset D$ der Polykreis zu $w = (w_1, \cdots, w_n) \in D$ als n-dimensionales kartesisches Produkt von Kreisscheiben*

$$\Delta(w, r_1, \cdots, r_n) := \Delta(w_1, r_1) \times \cdots \times \Delta(w_n, r_n)$$

mit $\Delta(w_i, r_i) := \{z \in \mathbb{C} : |w_i - z| < r_i\}$ für $i = 1, \cdots, n$. Dann heißt die Abbildung $f : D \to \mathbb{C}$ holomorph in n Variablen, falls

$$f(z) = \sum_{k_1, \cdots, k_n = 0}^{\infty} a_{k_1, \cdots, k_n} (z_1 - w_1)^{k_1} \cdots (z_n - w_n)^{k_n}$$

für alle $z \in \Delta(w, r_1, \cdots, r_n)$ und Koeffizienten $a_{k_1, \cdots, k_n} \in \mathbb{C}$ gilt.

Die Definition suggeriert, dass sich f um jeden Punkt des Definitionsbereichs in eine Potenzreihe entwickeln lässt. Wir können die Holomorphie über den Satz von Hartogs für den relevanten Fall in zwei Variablen charakterisieren.

Satz 2.4. *(Satz von Hartogs in zwei Variablen.) Sei $f : D \to \mathbb{C}$ eine Funktion in zwei Variablen für $D := U \times V \subset \mathbb{C}^2$ mit U, V offen. Definiere $D_u := \{z \in \mathbb{C} \mid (u, z) \in D\}$ und D_v analog mit $(z, v) \in D$. Sind dann $f_u(z) = f(u, z)$ und $f_v(z) = f(z, v)$ holomorphe Funktionen auf D_u und D_v, so ist f holomorph auf D.*

Beweis. Der allgemeine Fall in n Variablen wird in [Kra92, S.32] bewiesen. □

Also ist eine Funktion in zwei Variablen genau dann holomorph, falls sie in jeder einzelnen Komponente holomorph ist. Es ist zu betonen, dass für den Satz von Hartogs im Gegensatz zum Lemma von Osgood (vgl. [Osg99, S.462]) keine Stetigkeit von f vorausgesetzt wird. Durch Weglassen der Stetigkeitsbedingung liefert dies insbesondere einen wesentlichen Unterschied zur reellen Analysis.

Satz 2.5. *(Satz über implizite holomorphe Funktionen.) Sei $f : U \times V \to \mathbb{C}$ eine holomorphe Abbildung für $U, V \subset \mathbb{C}$ offen. Ist $(u_0, v_0) \in U \times V$ mit $f(u_0, v_0) = 0$ und $\frac{\partial}{\partial u} f(u_0, v_0) \neq 0$, dann existiert eine offene Umgebung $U_0 \times V_0 \subset U \times V$ von (u_0, v_0) sowie eine eindeutige, holomorphe Abbildung $g : U_0 \to V_0$ mit $g(u_0) = v_0$ und es gilt*

$$f(u, v) = 0 \Leftrightarrow v = g(u) \quad \text{für alle } u \in U_0, v \in V_0.$$

Beweis. Der vollständige Beweis für n Variablen wird in [Kra92, S.54] geführt. □

5

Beispiel 2.6. *(Satz über implizite Funktionen für die $\wp$-Funktion.) Betrachte die für $z \in \mathbb{C}$ und $\tau \in \mathbb{H}$ holomorphe $\wp$-Funktion. Im Beispiel 2.12 aus Abschnitt 2.2 werden wir sehen, dass die Nullstellen von $\wp$ und $\wp'$ für $\tau = i$ zusammenfallen, sodass keine Umgebung um (z_1, i) mit $z_1 \in \mathbb{C}$ den Satz 2.5 erfüllt. Dies gilt im Wesentlichen auch für alle Punkte τ, die durch Möbiustransformation Mi mit $M \in SL_2(\mathbb{Z})$ entstehen. Für jedes andere Paar (z, τ_0) mit $\wp(z, \tau_0) = 0$ und $\tau_0 \not\equiv i$ modulo Gitter gibt es jedoch geeignete offene Umgebungen $U \subset \mathbb{H}$ mit $\tau_0 \in U$ und $V \subset \mathbb{C}$ mit $z \in V$ sowie eine Abbildung $g : U \to V$, sodass*

$$\wp(z, \tau) = 0 \Leftrightarrow z = g(\tau)$$

gilt. Diese Äquivalenz gilt jedoch nur in den kleinen Umgebungen U und V um τ_0 und z.

Als Folge des Abel'schen Theorems (Satz 2.2) und Beispiel 2.6 gelangen wir nun zu einer wichtigen Erkenntnis über die lokal konstruierte Funktion $z_0(\tau) := g(\tau)$.

Korollar 2.7. *(Konstruktion der z_0-Funktion.) Sei $z_0(\tau)$ die lokale Darstellung einer Nullstelle von $\wp(z, \tau)$ zum Gitter $\Gamma = \mathbb{Z} \oplus \mathbb{Z}\tau$, aufgefasst als Funktion in τ, wobei τ in einer kleinen Umgebung in $\mathbb{H}$ liegt. Dann gilt*

$$\wp(z, \tau) = 0 \Leftrightarrow z \equiv \pm z_0(\tau) \quad \mathrm{mod}\ \Gamma.$$

Die Konstruktion der z_0-Funktion wirkt unscheinbar, ist aber besonders mächtig. Zum einen können wir in den folgenden Kapiteln eine Funktion behandeln, die lokal holomorph und somit auch stetig in einer kleinen Umgebung um $\tau \in \mathbb{H}$ ist. Zum anderen ist zu betonen, dass durch die lokale Angabe einer Nullstelle modulo Gitter praktischerweise alle weiteren Nullstellen der $\wp$-Funktion auf ganz $\mathbb{C}$ gefolgert werden können.

2.2 Algebraische Differentialgleichung der $\wp$-Funktion

In diesem Abschnitt erinnern wir an die bekannte gewöhnliche Differentialgleichung der Weierstraß'schen $\wp$-Funktion in Termen von $\wp$ und $\wp'$. Wir werden sehen, dass für den Spezialfall $\tau = i$ und alle anderen durch Möbiustransformation zu i äquivalenten Punkte wohlbekannte Nullstellen der $\wp$-Funktion resultieren. Hierzu sei außerdem an die aus der Funktionentheorie bekannte Definition der Eisensteinreihe vom Gewicht k und der Diskriminantenfunktion erinnert.

Definition 2.8. *(Eisensteinreihe).* *Die Reihe*

$$G_k(\tau) := \sum_{(c,d)\in\mathbb{Z}^2\setminus\{(0,0)\}} \frac{1}{(c\tau+d)^k}$$

für $k \in \mathbb{N}$ heißt Eisensteinreihe vom Gewicht k zum Gitter $\Gamma = \mathbb{Z} \oplus \mathbb{Z}\tau$ für beliebige $c, d \in \mathbb{Z}$.

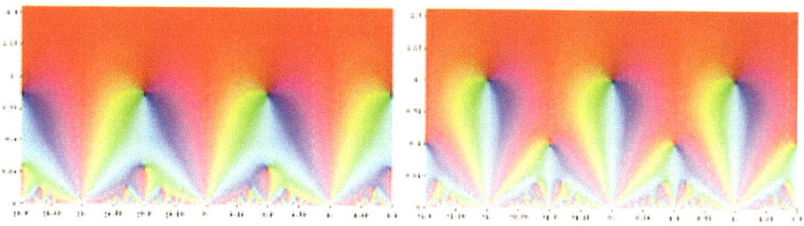

Abbildung 2.1: Eisensteinreihen vom Gewicht 4 und 6
1

Auf Basis von Definition 2.8 lassen sich die Weierstraß-Invarianten $g_2(\tau) := 60G_4(\tau)$ und $g_3(\tau) := 140G_6(\tau)$ konstruieren, die für die Differentialgleichung benötigt werden.

Satz 2.9. *(Differentialgleichung erster Ordnung).* *Für die Weierstraß'sche $\wp$-Funktion gilt die algebraische Differentialgleichung*

$$\wp'(z,\tau)^2 = 4\wp(z,\tau)^3 - g_2(\tau)\wp(z,\tau) - g_3(\tau)$$

in Termen von $\wp$ und $\wp'$, wobei $g_2(\tau)$ und $g_3(\tau)$ die Weierstraß-Invarianten sind.

Ein- bzw. zweifaches Differenzieren der Gleichung ergibt folgendes Korollar.

Korollar 2.10. *(Differentialgleichung zweiter/dritter Ordnung).* *Mit der Weierstraß-Invariante $g_2(\tau)$ zum Gitter $\Gamma = \mathbb{Z} \oplus \mathbb{Z}\tau$ gelten die Eigenschaften*

$$2\wp''(z,\tau) = 12\wp(z,\tau)^2 - g_2(\tau) \quad und \quad \wp'''(z,\tau) = 12\wp(z,\tau)\,\wp'(z,\tau)\,.$$

Nimmt man nun an, dass z Nullstelle der Weierstraß'schen $\wp$-Funktion ist, so lassen sich die Weierstraß-Invarianten in Termen von $\wp'$ bzw. $\wp''$ eindeutig beschreiben.

Korollar 2.11. *(Weierstraß-Invarianten).* *Ist z eine Nullstelle der $\wp$-Funktion zu einem Gitter $\Gamma = \mathbb{Z} \oplus \mathbb{Z}\tau$, so folgt für die Weierstraß-Invarianten*

$$g_2(\tau) = -2\wp''(z,\tau)^2 \quad und \quad g_3(\tau) = -\wp'(z,\tau)^2\,.$$

Insbesondere ist z stets auch Nullstelle von $\wp'''$.

Abbildung 2.2: Graph der $\wp$-Funktion mit Invarianten $g_2 = 1 + i$ und $g_3 = 2 - 3i$

Die Abbildung zeigt den Graphen der Weierstraß'schen $\wp$-Funktion im konkreten Gitter $\mathbb{Z}(1 + i) \oplus \mathbb{Z}(2 - 3i)$. Hierbei sind die Polstellen gerade die weißen Punkte, während die schwarzen Punkte die Nullstellen der $\wp$-Funktion repräsentieren. In dieser Arbeit sind also anschaulich all diese schwarzen Punkte für ein beliebiges Gitter gesucht.

Wir verdeutlichen die Bedeutung der Differentialgleichung anhand eines Beispiels.

Beispiel 2.12. *($\wp$-Funktion für $\tau = i$.) Betrachte* $\Gamma = \mathbb{Z} \oplus \mathbb{Z}\tau$ *mit* $\tau = i$. *Wegen* $G_6(i) = 0$ *gilt für die Differentialgleichung aus Satz 2.9*

$$\wp'(z.i)^2 = 4\wp(z.i)^3 - g_2(i)\wp(z.i) - \underbrace{g_3(i)}_{=0} = \wp(z.i) \cdot \left(4\wp(z.i)^2 - g_2(i) \right) .$$

Damit sind die Nullstellen von $\wp(z.i)$ gerade die wohlbekannten Nullstellen von $\wp'(z.i)$. Berücksichtigen wir jedoch nach Satz 2.1, dass die $\wp$-Funktion höchstens zwei Nullstellen, die $\wp'$-Funktion aber höchstens drei Nullstellen haben kann, handelt es sich nicht um eine Äquivalenz der Aussagen. Stattdessen gilt das folgende Korollar aus Beispiel 2.12 in der verallgemeinerten Fassung für alle Gitter der Form $\mathbb{Z} \oplus \mathbb{Z}\tau$ mit $\tau = Mi$ für $M \in \mathrm{SL}_2(\mathbb{Z})$.

Korollar 2.13. *(Nullstellen der $\wp$-Funktion für $\tau = i$.) Für das Gitter* $\Gamma = \mathbb{Z} \oplus \mathbb{Z}\tau$ *mit* $\tau = Mi$ *für* $M \in \mathrm{SL}_2(\mathbb{Z})$ *gilt*

$$\wp(z.i) = 0 \Rightarrow z \in \left\{ \frac{1}{2}, \frac{i}{2}, \frac{1+i}{2} \right\}$$

bis auf Äquivalenz des Gitters. Die Rückrichtung ist nicht notwendigerweise erfüllt.

Neben den Weierstraß-Invarianten kann mithilfe der Differentialgleichung erster Ordnung auch auf die Definition der Diskriminantenfunktion Δ geschlossen werden. Ist $t := (z, \tau)$ und $\wp'(t)^2 := P(t)$ in der algebraischen Differentialgleichung aus Satz 2.9, so ergibt sich die Weierstraß'sche Normalform

$$P(t) = 4t^3 - g_2 t - g_3 = 4(t - e_1)(t - e_2)(t - e_3)$$

als Polynom in einer Variable t. Wie in [FB06, S.293] beschrieben, hat dieses Polynom genau dann lediglich eine einfache Nullstellen, wenn die Diskriminante Δ von Null verschieden ist. Wir definieren dies in Anlehnung an [KK13, S.52]

Definition 2.14. *(Diskriminantenfunktion.) Mit den Weierstraß-Invarianten $g_2(\tau)$ und $g_3(\tau)$ zu einem Gitter $\Gamma = \mathbb{Z} \oplus \mathbb{Z}\tau$ ist durch*

$$\Delta(\tau) := g_2^3(\tau) - 27 g_3^2(\tau)$$

die Diskriminantenfunktion $\Delta : \mathbb{H} \to \mathbb{C}$ definiert.

Später wird benötigt, dass Δ im Sinne der Theorie der Modulformen eine Spitzenform vom Gewicht 12 mit der Eigenschaft

$$\Delta\left(\frac{a\tau + b}{c\tau + d}\right) = (c\tau + d)^{12}\Delta(\tau) \quad \text{für alle } \left(\begin{smallmatrix} a & b \\ c & d \end{smallmatrix}\right) \in \mathrm{SL}_2(\mathbb{Z})$$

ist, und eine Fourierentwicklung der Form

$$\Delta(\tau) = (2\pi)^{12} \sum_{n=1}^{\infty} \tau(n) \exp(2\pi i n\tau) \quad \text{für } \tau \in \mathbb{H},$$

wobei $\tau(n)$ die Ramanujan'sche τ-Funktion mit $\tau(1) = 1$ ist, besitzt.

2.3 Modulformen

In diesem Abschnitt wird die Theorie der Modulformen in Erinnerung gerufen und auf die eben definierten Spezialfälle der Eisensteinreihe und der Diskriminantenfunktion eingegangen. Wir wissen, dass elliptische Funktionen invariant unter Translation eines Gitters sind. Bei der Betrachtung von Modulformen bedienen wir uns einer ähnlichen Idee und möchten Möbius-Transformationen der oberen Halbebene $\mathbb{H}$ via

$$\tau \mapsto M\tau := \frac{a\tau + b}{c\tau + d} \quad \text{mit } M = \begin{pmatrix} a & b \\ c & d \end{pmatrix} \in \mathrm{SL}_2(\mathbb{Z}) = \{M \in \mathrm{GL}_2(\mathbb{Z}) \mid \det M = 1\}.$$

Hierbei lassen wir zusätzlich einen Gewichtungsfaktor $(c\tau + d)^k$ zu.

9

Definition 2.15. *(holomorphe Modulform.) Eine holomorphe Modulform vom Gewicht k zur Gruppe $\mathrm{SL}_2(\mathbb{Z})$ ist eine holomorphe Funktion $f : \mathbb{H} \to \mathbb{C}$ mit den Eigenschaften:*
(M1) f genügt dem Transformationsverhalten

$$f(M\tau) = (c\tau + d)^k \cdot f(\tau) \quad \text{für } M \in \mathrm{SL}_2(\mathbb{Z}) \text{ und } \tau \in \mathbb{H},$$

(M2) f ist beschränkt bei ∞.

Im Folgenden ist eine Modulform f stets holomorph, sodass wir diese Bezeichnung weglassen und kurz $f \in \mathfrak{M}_k$ schreiben, wobei $\mathfrak{M}_k$ die Menge der Modulformen vom Gewicht k zur Gruppe $\mathrm{SL}_2(\mathbb{Z})$ ist. Es ergibt Sinn, eine Modulform weiter zu charakterisieren.

Satz 2.16. *(Charakterisierung einer Modulform I.) Für eine Modulform $f \in \mathfrak{M}_k$ gilt:*
(i) Die Eigenschaft (M1) ist äquivalent zu (M1*): $f|_k M = f$ für alle $M \in \mathrm{SL}_2(\mathbb{Z})$, wobei

$$(f|_k M)(\tau) := (c\tau + d)^{-k} \cdot f(M\tau)$$

mit dem Petersson'schen Strichoperator $|_k$.
(ii) Die Eigenschaft (M2) ist äquivalent zu (M2*): f besitzt eine Fourier-Entwicklung

$$f(\tau) = \sum_{n=0}^{\infty} a_n q^n$$

mit den Fourier-Koeffizienten $a_n \in \mathbb{C}$ und $q := \exp(2\pi i \tau)$. Gilt sogar $a_0 = 1$, dann heißt f Spitzenform und wird mit $f \in \mathfrak{S}_k$ bezeichnet.

Um folglich nachzuweisen, ob es sich bei einer Funktion in einer Variable um eine Modulform handelt oder nicht, bedienen wir uns stets der Eigenschaft (M2*) statt (M2) aus Definition 2.15 und die nutzen folgende Äquivalenz für (M1).

Korollar 2.17. *(Charakterisierung einer Modulform II.) Eine holomorphe Funktion $f : \mathbb{H} \to \mathbb{C}$ erfüllt das Transformationsverhalten (M1) aus Definition 2.15 genau dann, wenn $f(\tau + 1) = f(\tau)$ und $f\left(-\frac{1}{\tau}\right) = \tau^k f(\tau)$ gilt.*

Beweis. Gemäß Satz 2.16(i) ist die holomorphe Funktion $f : \mathbb{H} \to \mathbb{C}$ eine Modulform vom Gewicht k genau dann, wenn $f|_k M = f$ für alle $M \in \mathrm{SL}_2(\mathbb{Z})$. Mit den Erzeugern $S = \left(\begin{smallmatrix} 0 & -1 \\ 1 & 0 \end{smallmatrix}\right)$ und $T = \left(\begin{smallmatrix} 1 & 1 \\ 0 & 1 \end{smallmatrix}\right)$ von $\mathrm{SL}_2(\mathbb{Z})$ ergibt sich wegen $S\tau = -\frac{1}{\tau}$ und $T\tau = \tau + 1$

$$(f|_k S)(\tau) = f(\tau) \Leftrightarrow \tau^{-k} f\left(-\frac{1}{\tau}\right) = f(\tau) \Leftrightarrow f\left(-\frac{1}{\tau}\right) = \tau^k f(\tau),$$

$$(f|_k T)(\tau) = f(\tau) \Leftrightarrow 1^{-k} f(\tau + 1) = f(\tau) \Leftrightarrow f(\tau + 1) = f(\tau).$$

$\square$

Wir stellen fest, dass die Menge $\mathfrak{M}_k$ sogar eine Vektorraum-Struktur besitzt und untersuchen das Produkt zweier Modulformen. Sind zwei Modulformen $f \in \mathfrak{M}_k$ und $g \in \mathfrak{M}_l$ vom Gewicht k bzw. l gegeben, so besitzt fg weiterhin die Eigenschaften einer Modulform und hat Gewicht $k + l$.

Eisensteinreihe und Diskriminante als Modulform

Aus der Nullstellenformel von D.Zagier und M.Eichler geht unmittelbar hervor, dass sowohl die Eisensteinreihe aus Definition 2.8 als auch die Diskriminantenfunktion aus Definition 2.14 eine wichtige Rolle spielen. Beide sind Modulformen, wie der folgende Satz offenbart.

Satz 2.18. *(G_k und Δ als Modulform.)*
(i) Die Eisensteinreihe G_k ist für $k \geq 4$ eine Modulform vom Gewicht k und für $\mathrm{Im}(\tau) \to \infty$ gilt $\lim_{\tau \to i\infty} G_k(\tau) = 2\zeta(k) = 2\sum_{n=1}^{\infty} n^{-k}$.
(ii) Die Diskriminantenfunktion Δ ist nullstellenfrei in $\mathbb{H}$ und Modulform vom Gewicht 12, aber es gilt $\lim_{\tau \to i\infty} \Delta(\tau) = 0$.

Beweis. Die Eigenschaft (i) folgt unmittelbar aus den Resultaten $G_k(\tau) = G_k(\tau+1)$ und $G_k(-\frac{1}{\tau}) = \tau^k G_k(\tau)$ für $\tau \in \mathbb{H}$ sowie der Betrachtung der hebbaren Singularität in $q = 0$. Für (ii) interessieren wir uns lediglich für den Grenzwert. Es gilt

$$\lim_{\tau \to i\infty} \Delta(\tau) \overset{(i)}{=} (60 \cdot 2\zeta(4))^3 - 27 (140 \cdot 2\zeta(6))^2 \,.$$

Eine einfache Rechnung zeigt $\zeta(4) = \frac{\pi^4}{90}$ und $\zeta(6) = \frac{\pi^6}{945}$ und liefert die Behauptung. $\square$

Aus Satz 2.18(ii) folgt damit unmittelbar, dass die Diskriminante eine Spitzenform ist. Da die Eisensteinreihe eine Modulform darstellt, sollte auch in einer konkreten Form über den Petersson'schen Strichoperators beschrieben werden können. Eine derartige Schreibweise für die Eisensteinreihe ist durch den folgenden Satz festgelegt.

Satz 2.19. *(G_k mit dem Petersson'schen Strichoperator.) Die Eisensteinreihe G_k lässt sich für $k \geq 4$ durch*

$$G_k(\tau) = \sum_{M \in \mathrm{SL}_2^\infty(\mathbb{Z}) \backslash \mathrm{SL}_2(\mathbb{Z})} (1|_k M)(\tau) = \frac{1}{2} \sum_{ggT(c,d)=1} (c\tau + d)^{-k} \,,$$

schreiben, wobei $\mathrm{SL}_2^\infty(\mathbb{Z}) = \{\pm \left(\begin{smallmatrix} 1 & n \\ 0 & 1 \end{smallmatrix}\right) \mid n \in \mathbb{Z}\} \subset \mathrm{SL}_2(\mathbb{Z})$ ist.

11

Beweis. Wir erinnern zunächst an die Fourierentwicklung der Eisensteinreihe gemäß [KK13, S.160] über

$$G_k(\tau) = 2\zeta(k) + \frac{2(2\pi i)^k}{(k-1)!} \cdot \sum_{n \geq 1} \sigma_{k-1}(n) q^n$$

für $k \geq 4$ mit $\sigma_{k-1}(n) = \sum_{d|n} d^{k-1}$ und definieren die normalisierte Eisensteinreihe $E_k(\tau) := \frac{G_k(\tau)}{2\zeta(k)}$ über die Skalierung mit dem Faktor $(2\zeta(k))^{-1}$. Aus der Zahlentheorie ist bekannt, dass jedes Paar $(c,d) \in \mathbb{Z}^2 \setminus \{(0,0)\}$ eindeutig durch teilerfremde Faktoren $\lambda, \mu \in \mathbb{Z}$ über $(c,d) = (\lambda t, \mu t)$ mit $t \in \mathbb{N}$ charakterisiert werden kann. Dies liefert

$$E_k(\tau) := \frac{1}{2} \sum_{\mathrm{ggT}(c,d)=1} (c\tau + d)^{-k}.$$

Für eine beliebige Matrix $M \in \mathrm{SL}_2^\infty(\mathbb{Z}) \setminus \mathrm{SL}_2(\mathbb{Z})$, die also ein Vertretersystem der Rechtsnebenklassen von $\mathrm{SL}_2(\mathbb{Z})$ nach $\mathrm{SL}_2^\infty(\mathbb{Z})$ durchläuft, folgt insgesamt

$$E_k(\tau) = \sum_{M \in \mathrm{SL}_2^\infty(\mathbb{Z}) \setminus \mathrm{SL}_2(\mathbb{Z})} (1|_k M)(\tau) = \sum_{M \in \mathrm{SL}_2^\infty(\mathbb{Z}) \setminus \mathrm{SL}_2(\mathbb{Z})} (c\tau + d)^{-k}.$$

Damit ergibt sich die Behauptung. $\qquad\square$

3 Überlagerungstheorie

Ziel der folgenden Betrachtung ist es, die Abbildung $z_0(\tau)$ aus Abschnitt 2.1 auf einem analytischen Gebilde zu verstehen. Begründen können wir dies dahingehend, dass wir zum jetzigen Zeitpunkt noch keine explizite Angabe der Funktion gefunden haben. Im Gegensatz zu einer Riemann'schen Fläche, die als eindimensionale, komplexe Mannigfaltigkeit verstanden wird, ist das zu betrachtende analytische Gebilde

$$\mathcal{N} = \{(z,\tau) \in \mathbb{C} \times \mathbb{H} \mid \wp(z,\tau) = 0\}$$

nicht notwendigerweise eine Riemann'sche Fläche, da Singularitäten auftreten können. Wir listen ohne Beweis noch ein paar Beispiele Riemann'scher Flächen auf.

Beispiel 3.1. *(spezielle Riemann'sche Flächen.)*

1. *Die elliptische Kurve $X := {}^{\mathbb{C}}/_{\Gamma}$ zum Gitter $\Gamma = \mathbb{Z} \oplus \mathbb{Z}\tau$ ist eine Riemann'sche Fläche vom Geschlecht 1.*

2. *Jedes Gebiet $G \subset \mathbb{C}$ ist eine Riemann'sche Fläche mit der Identität als Karte für das gesamte Gebiet. Auch die komplexe Ebene $\mathbb{C}$ selbst genügt einer solchen Struktur.*

3. *Die Riemannsche Zahlenkugel bzw. die komplex-projektive Gerade $\hat{\mathbb{C}} = \mathbb{P}^1$ ist eine kompakte Riemann'sche Fläche.*

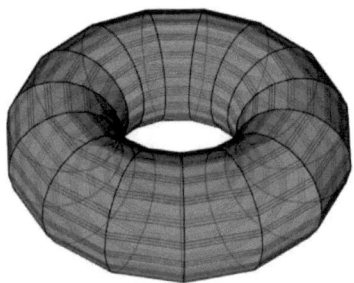

Abbildung 3.1: Elliptische Kurve als Riemann'sche Fläche
³

3.1 Verzweigte Überlagerungen

Wir definieren zunächst eine Überlagerung auf zusammenhängenden, topologischen Räumen und stellen anschließend fest, dass sie mit einer komplexen Struktur im Hinblick auf eine Riemann'sche Flächen versehen werden kann. Dadurch gewinnen wir die Eigenschaft der Holomorphie einer Überlagerung.

Wir nennen dabei eine Funktion $f : U \to \mathbb{C}$ mit $U \subset X$ der Riemann'schen Fläche X holomorph, falls für alle Karten $\varphi : U' \to V \subseteq \mathbb{C}$ die Holomorphie im üblichen Sinne auf die Abbildung $f \circ \varphi^{-1} : \varphi(U \cap U') \to \mathbb{C}$ zutrifft. Um später zur Definition einer verzweigten Überlagerung zu gelangen, rekapitulieren wir die Definition einer unverzweigten Überlagerung in Anlehnung an [Wei21, S.133].

Definition 3.2. *(unverzweigte Überlagerung). Sei $\mathcal{F} := p^{-1}(\{x\})$ die Faser von x zu einer stetigen Abbildung $p : Y \to X$ zwischen topologischen Räumen X und Y. Ist p surjektiv, so heißt diese Abbildung Überlagerung von X, falls die folgende Eigenschaft gilt: Zu jedem $x \in X$ existiert eine Umgebung $U \subset X$, sodass $p^{-1}(U) = \bigsqcup_{i \in \mathcal{F}} V_i$ mit offenen und paarweise disjunkten $V_i \subset Y$ derart, dass $p|_{V_i} : V_i \to U$ bistetig ist.*

Auf Basis der Definition 3.2 führen wir folgende Bezeichnungen ein:

- Wir nennen die offene Umgebung $U \subset X$ eine p-gute Teilmenge von X.

- Die offenen Mengen V_i heißen Blätter von U unter der Überlagerung p.

- Ist $d \in \mathbb{N} \cup \{\infty\}$ als Anzahl der Blätter über die Anzahl der Fasern bekannt, so beschreiben wir p als d-blättrige Überlagerung.

- Für $d < \infty$ heißt p endliche Überlagerung, andernfalls unendliche Überlagerung.

Warum endliche und unendliche Überlagerungen unterschiedlich gehandhabt werden müssen, stellen wir später genauer heraus.

Wie eingangs erwähnt übertragen wir nun die komplexe Struktur einer Riemann'schen Fläche auf Überlagerungen. Sei also $p : Y \to X$ eine Überlagerung zusammenhängender, topologischer Räume, wobei der Raum X die Struktur einer Riemann'schen Fläche besitzt. Dann können wir Y eineindeutig ebenfalls als Riemann'sche Fläche auffassen, sodass $p : Y \to X$ holomorph, insbesondere sogar lokal biholomorph, ist. Ein ausführlicher Beweis dieser Erkenntnis findet man in [For77, S.18].

Wir geben noch ein Beispiel für eine unverzweigte, holomorphe Überlagerung.

Beispiel 3.3. *(Überlagerung des Kreises durch die reelle Achse.) Durch die Abbildung $p : \mathbb{R} \to \mathcal{S}^1 \subseteq \mathbb{C}, t \mapsto \exp(2\pi i t)$ ist eine unverzweigte, holomorphe Überlagerung des Einheitskreises gegeben, da p bekanntermaßen ein surjektiver Gruppenhomomorphismus ist und $U = \mathcal{S}^1 \setminus \{-x\}$ für $x \in \mathcal{S}^1$ eine p-gute Umgebung darstellt. Das Verhalten wird in der folgenden Abbildung veranschaulicht.*

Abbildung 3.2: Überlagerung $p : \mathbb{R} \to \mathcal{S}^1$

Es ist bereits mehrfach angeklungen, dass wir stets zwischen unverzweigten und verzweigten, holomorphen Überlagerungen unterscheiden. Um zu verstehen, was mit der Verzweigung einer holomorphen Überlagerung gemeint ist, erinnern wir an folgende Aussage aus [Wei21].

Proposition 3.4. *(lokale Gestalt einer holomorphen Abbildung.) Sei* $p : Y \to X$ *eine nichtkonstante holomorphe Abbildung Riemann'scher Flächen. Weiter sei P ein Punkt in Y und Q sein Bildpunkt in X. Dann gibt es Kartenabbildungen* $\varphi : U \to V$ *und* $\varphi' : U' \to V'$ *und eine natürliche Zahl d mit folgenden Eigenschaften:*
(i) Der Punkt P liegt in U und wird unter φ *auf Null geschickt.*
(ii) Der Punkt Q liegt in U' und wird unter φ' *auf Null geschickt.*
(iii) Es gilt $p(U) \subseteq U'$.
(iv) Das folgende Diagramm ist kommutativ:

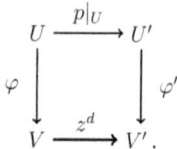

Mit anderen Worten hat also jede nichtkonstante holomorphe Abbildung Riemann'scher Flächen lokal die Gestalt $z \mapsto z^d$. Dabei hängt die Zahl d nur vom Punkt P und der Abbildung p ab, nicht jedoch von der Wahl der Karten φ und φ'. Dies rechtfertigt die Definition von Verzweigungspunkt und Verzweigungsindex.

15

Definition 3.5. (Verzweigungspunkt und -index.) *Die Zahl d aus Proposition 3.4 heißt Verzweigungsindex einer beliebigen, aber festen Überlagerung $p : Y \to X$ im Punkt P. Wir schreiben hierfür $n_P(p) := d$.*
Ein Punkt $Q \in Y$ heißt Verzweigungspunkt der Überlagerung p, falls keine Umgebung V um Q existiert, sodass die Einschränkung $p|_V$ injektiv ist.

Auf Basis der Definition 3.5 ist p eine verzweigte Überlagerung, falls es mindestens einen Verzweigungspunkt gibt. Andernfalls heißt p unverzweigt. Wir betrachten als Beispiel die Potenzabbildung wie in [For77, S.19].

Beispiel 3.6. (Potenzabbildung als Überlagerung.)

1. *Die Abbildung $p_d : \mathbb{C} \to \mathbb{C}, z \mapsto z^d$ ist eine verzweigte Überlagerung mit dem einzigen Verzweigungspunkt 0.*

2. *Die Einschränkung der Potenzabbildung $p_d|_{\mathbb{C}^*}$ auf die punktierte komplexe Ebene ist eine unverzweigte Überlagerung.*

Die folgende Proposition beschreibt den Zusammenhang von Verzweigungspunkten und dem Verzweigungsindex einer Überlagerung wie in [Str12, S.65].

Proposition 3.7. (Charakterisierung von Verzweigungspunkten.) *Sei $p : Y \to V$ eine holomorphe Überlagerung und P ein Punkt in Y. Dann gilt:*

P ist Verzweigungspunkt von $p \Leftrightarrow p$ hat in P den Verzweigungsindex $n_P(p) \geq 2$.

Somit ist P ein Element der diskreten Menge aller Verzweigungspunkte

$$\mathcal{P}_p := \{Q \in Y \mid n_Q(p) \geq 2\} \, ,$$

und die Abbildung p verhält sich in einer Umgebung um P wie die Potenzfunktion p_d.

Eigenschaften holomorpher Überlagerungen

Aus der Definition 3.2 folgt unmittelbar, dass alle Einschränkungsabbildungen Homöomorphismen darstellen soll. Diese Charakterisierung liefert, dass eine Überlagerung durch einen lokalen Homöomorphismus beschrieben werden kann. Wie in [Str12, S.67] beschrieben, ist umgekehrt jedoch nicht jeder lokale Homöomorphismus zwangsläufig eine Überlagerung, da die Blätter plötzlich aufhören können und die Fasern $p^{-1}(\{x\})$ für alle $x \in X$ nicht gleich viele Elemente besitzen müssen. Um die Äquivalenz der Begrifflichkeit zu gewährleisten, untersuchen wir deshalb die spezielle Klasse der eigentlichen Abbildungen zwischen lokalkompakten Riemann'schen Flächen und ignorieren die geforderte Surjektivität für eine Überlagerung.

Eine Abbildung $p : Y \to X$ heißt eigentlich, wenn Urbilder kompakter Mengen ebenfalls kompakt sind und die Räume X, Y heißen lokalkompakt, falls jeder Punkt $x \in X$ bzw. $y \in Y$ eine kompakte Umgebung besitzt.

Lemma 3.8. *(Eigenschaften unverzweigter Überlagerungen I.) Sei $p : Y \to X$ eine eigentliche Abbildung zwischen lokalkompakten Riemann'schen Flächen. Dann gilt*

p ist lokaler Homöomorphismus $\Leftrightarrow$ p ist nicht notwendig surjektive Überlagerung und
$$\#p^{-1}(\{x\}) < \infty \, \text{für alle } x \in X.$$

Beweis. Dies kann in [Str12, S.68] nachgelesen werden. $\qquad\qquad\qquad\qquad\square$

Korollar 3.9. *(unverzweigte Einschränkungsüberlagerung.) Sei $p : Y \to X$ eine verzweigte Überlagerung. Setze $X' := X \setminus p(\mathcal{P}_p)$ und $Y' = p^{-1}(X')$, wobei $\mathcal{P}_p$ die Menge der Verzweigungspunkte aus Proposition 3.7 ist. Dann ist $p' : Y' \to X'$ eine unverzweigte Überlagerung.*

Beweis. Wir wissen, dass $p : Y \to X$ eine nichtkonstante, eigentliche, holomorphe Fuktion darstellt. Aus $n_P(p) = 1$ für alle $P \in Y'$ folgt, dass p' ein eigentlicher, lokaler Homöomorphismus ist. Also liefert p' nach Satz 3.8 eine Überlagerung von X'. $\qquad\square$

Das Korollar impliziert, dass eine nichtkonstante, eigentliche, holomorphe Funktion zwischen Riemann'schen Flächen stets eine unverzweigte Überlagerung ist. Wir möchten nun weitere Resultate über das Verhalten unverzweigter Überlagerungen postulieren.

Lemma 3.10. *(Eigenschaften unverzweigter Überlagerungen II.) Sei die Abbildung $p : X \to D^* = \{z \in \mathbb{C} \mid 0 < |z| < 1\}$ eine unverzweigte, holomorphe Überlagerung mit Riemann'scher Fläche X. Dann gilt:*

(i) Besteht p aus unendlich vielen Blättern, so existiert eine lokal biholomorphe Abbildung $\varphi : X \to \mathbb{H}$ derart, dass das folgende Diagramm kommutiert:

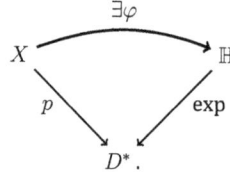

D^*.

(ii) Ist p eine d-blättrige Überlagerung mit $d < \infty$, so existiert eine lokal biholomorphe Abbildung $\varphi : X \to D^*$ derart, dass das folgende Diagramm mit $p_d : D^* \to D^*, z \mapsto z^d$ kommutiert:

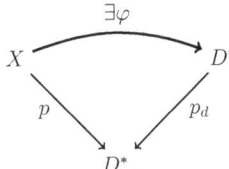

$$X \xrightarrow{\exists \varphi} D^*$$
$$p \seararrow \swarrow p_d$$
$$D^*.$$

Beweis. Die Aussagen werden in [For37, S.37] bewiesen. □

Bisher lässt sich wie in Korollar 3.9 eine verzweigte Überlagerung lediglich durch Entfernen der Verzweigungspunkte zu einer unverzweigten Überlagerung machen. Deshalb ist für uns von besonderem Interesse, aus einer verzweigten eine unverzweigte Überlagerung zu konstruieren bzw. ihre Existenz zu gewährleisten. Wie der folgende Satz zeigt, ist dies tatsächlich für den Fall einer Verzweigung im Nullpunkt möglich.

Satz 3.11. *(Auflösen einer Verzweigung.) Sei $p : X \to D$ eine nichtkonstante, endliche, holomorphe Überlagerung für eine Riemann'sche Fläche X, die unverzweigt über D^* ist. Dann existiert eine natürliche Zahl $d \geq 1$ und eine unverzweigte Überlagerung $\varphi : X \to D$ derart, dass das folgende Diagramm mit $p_d : D \to D, z \mapsto z^d$ kommutiert:*

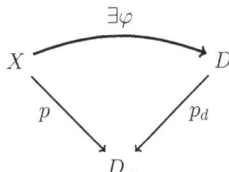

$$X \xrightarrow{\exists \varphi} D$$
$$p \seararrow \swarrow p_d$$
$$D.$$

Beweis. Wir beweisen die Aussage in mehreren Schritten.
 Schritt 1: Konstruktion der lokal biholomorphen Abbildung $\varphi : X^* \to D^*$
Definiere das Urbild des punktierten Einheitskreises $X^* := p^{-1}(D^*)$ unter der Abbildung $p : X \to D$. Dann ist die Einschränkung $p|_{X^*} : X^* \to D^*$ wie in Korollar 3.9 eine unverzweigte, holomorphe Überlagerung von D^*. Aus Lemma 3.10 resultiert, dass das Diagramm

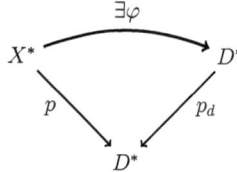

mit einer lokal biholomorphen Abbildung $\varphi : X^* \to D^*$ kommutiert.

Schritt 2: Zeige, dass das Urbild $p^{-1}(0)$ aus genau einem Punkt besteht.

Angenommen, $p^{-1}(0)$ besteht aus $n \geq 2$ Punkten $a_1, \cdots, a_n$. Da p eine Überlagerung ist, existieren Blätter V_i zu a_i und eine p-gute Kreisscheibe $D(r) = \{z \in \mathbb{C} : |z| < r\}$ für $0 < r \leq 1$, sodass

$$p^{-1}(D(r)) \subset V_1 \sqcup \cdots \sqcup V_n \qquad (*)$$

gilt. Definiere nun $D^*(r) = D(r) \setminus \{0\}$, denn dann ist $p^{-1}(D^*(r))$ homöomorph zu $p_d^{-1}(D^*(r)) = D^*(\sqrt[d]{r})$, wobei $d < \infty$ ist, und stellt eine zusammenhängende Menge dar. Da jeder einzelne Punkt a_i jedoch Häufungspunkt von $p^{-1}(D^*(r))$ ist, muss auch $p^{-1}(D(r))$ zusammenhängend sein. Dies ist ein Widerspruch zu (*).

Schritt 3: holomorphe Fortsetzung von φ

Somit ist $p^{-1}(0) = \{a\}$ mit $a \in X$ und wir können $\varphi : X^* \to D^*$ über $\varphi(a) := 0$ zu einer unverzweigten Überlagerung $\varphi : X \to D$ fortsetzen, sodass das zu zeigende Diagramm kommutiert. $\qquad\qquad\qquad\qquad\qquad\qquad\qquad\qquad\qquad\qquad\qquad\qquad\qquad\qquad\square$

3.2 Satz von Riemann-Hurwitz

Verzweigte Überlagerungen lassen sich leicht auf kompakten Riemann'schen Flächen konstruieren. Aus topologischer Sicht wird eine kompakte Riemann'sche Fläche lediglich durch das Geschlecht $g(X) \in \mathbb{N}$ charakterisiert. Eine möglichst einfache Berechnung des Geschlechts kann dabei über die Euler-Charakteristik erfolgen, denn es gilt die fundamentale Beziehung

$$\chi(X) = 2 - 2g(X). \qquad (3.1)$$

Der Satz von Riemann-Hurwitz liefert daraufhin eine Relation zwischen $\chi(X)$ und $\chi(Y)$ bzw. implizit $g(X)$ und $g(Y)$ für eine holomorphe Abbildung zwischen Riemann'schen Flächen X, Y.

Satz 3.12. (Riemann-Hurwitz für Überlagerungen.) *Sei* $p : X \to Y$ *eine d-blättrige, verzweigte, holomorphe Überlagerung zwischen kompakten Riemann'schen Flächen. Dann gilt in der Schreibweise der Euler-Charakteristik*

$$\chi(X) = d \cdot \chi(Y) - \sum_{P \in X} (n_P(p) - 1)$$

bzw. in der Schreibweise des Geschlechts

$$g(X) = 1 + d\left(g(Y) - 1\right) + \frac{1}{2} \sum_{P \in X} (n_P(p) - 1).$$

Beweis. Einen ausführlichen Beweis des Satzes von Riemann-Hurwitz findet man in [Str12, S.70]. Die zweite Gleichung folgt unmittelbar durch Einsetzen von Formel (3.1) in $\chi(X)$ und $\chi(Y)$ aus der ersten Gleichung. $\qquad\square$

Wir wollen nun den Satz von Riemann-Hurwitz für unsere zu untersuchende $\wp$-Funktion anwenden. Dazu betrachten wir die Riemann'sche Fläche $\mathbb{C}/\Gamma$ mit Geschlecht $g = 1$ zu einem Gitter $\Gamma = \mathbb{Z} \oplus \mathbb{Z}\tau$. Wird $\tau \in \mathbb{H}$ wie gewohnt fixiert, so behandelt man die Weierstraß'sche $\wp$-Funktion, die meromorph auf $\mathbb{C}/\Gamma$ ist, als holomorphe Funktion $\wp : \mathbb{C}/\Gamma \to \hat{\mathbb{C}} = \mathbb{P}^1, z \mapsto \wp(z, \tau)$. Da $0 \in \mathbb{C}/\Gamma$ eine Polstelle zweiter Ordnung darstellt, muss die Abbildung Grad zwei besitzen. Nach dem Satz von Riemann-Hurwitz folgt

$$\underbrace{\chi\left(\mathbb{C}/\Gamma\right)}_{=0} = \underbrace{2\,\chi\left(\mathbb{P}^1\right)}_{=2} - \sum_{P} (n_P(\wp) - 1).$$

Somit folgt $\sum_P (n_P(\wp) - 1) = 4$. Wegen Grad zwei gilt $n_P(\wp) \in \{1, 2\}$. Also muss die Abbildung $\wp(z, \tau)$ genau vier Verzweigungspunkte und zwei Blätter haben. Es lässt sich weiter zeigen, dass $\mathbb{C}/\Gamma$ im Allgemeinen genau n^2 sogenannte n-Torsionspunkte

$$\mathbb{C}/\Gamma[n] := \{z \in \mathbb{C}/\Gamma \mid n \cdot z = 0\}$$

besitzt, wobei 0 das neutrale Element der Gruppenoperation auf $\mathbb{C}/\Gamma$ ist (vgl. [Str12, S.71]). Konkret sind die 2-Torsionspunkte also gegeben durch $0, \frac{1}{2}, \frac{\tau}{2}$ und $\frac{1+\tau}{2}$. Weiter erfüllt eine gerade, elliptische und meromorphe Funktion f für $\omega \in \{0, 1, \tau, 1 + \tau\}$ wegen

$$f\left(z + \frac{\omega}{2}\right) \overset{\text{gerade}}{=} f\left(-\left(z + \frac{\omega}{2}\right)\right) = f\left(-z - \frac{\omega}{2}\right) \overset{\text{elliptisch}}{=} f\left(-z + \frac{\omega}{2}\right)$$

eine Symmetrie zu $\frac{\omega}{2}$. Also kommen in der Laurententwicklung einer solchen Funktion nur gerade Potenzen vor. Da $\wp(z, \tau)$ nach Satz 2.1 die notwendigen Eigenschaften der Funktion f erfüllt, folgt damit insgesamt $n_{\frac{\omega}{2}}(\wp) = 2$, das heißt die Verzweigungspunkte sind genau die 2-Torsionspunkte. Wir fassen zusammen:

$\wp(z, \tau)$ ist zweiblättrige, verzweigte Überlagerung modulo Γ mit $\mathcal{P}_\wp = \left\{ 0, \frac{1}{2}, \frac{\tau}{2}, \frac{1+\tau}{2} \right\}$.

3.3 Reihenentwicklungen der z_0- und z_1-Funktion

Potenzreihe der z_0-Funktion

Aus der Funktionentheorie ist der Satz über die Existenz einer Potenzreihe für eine gegebene, holomorphe Funktion $f : U \to \mathbb{C}$ für eine offene Teilmenge $U \subset \mathbb{C}$ bekannt. Wir formulieren die dazugehörige Aussage, welche auch in [Wei21, S.35] nachgelesen werden kann, dennoch der Vollständigkeit halber.

Satz 3.13. *(Potenzreihenentwicklung holomorpher Funktionen.) Sei $f : U \to \mathbb{C}$ eine holomorphe Funktion mit $U \subset \mathbb{C}$ offen und $z_0 \in U$. Sei weiterhin*

$$\varrho := dist(z_0, \partial U) = \inf_{z \in \partial U} |z - z_0| > 0 .$$

Dann existiert genau eine Potenzreihe $P(z) = \sum_{n=0}^{\infty} c_n (z - z_0)^n$, sodass der Konvergenzradius größer oder gleich ϱ ist und $f(z) = P(z)$ für alle z mit $|z - z_0| < \varrho$.

Schon in Abschnitt 2.1 haben wir gesehen, dass die z_0-Funktion lokal holomorph und stetig in einer ausreichend kleinen Umgebung um ein beliebiges, aber festes $\tau_0 \in \mathbb{H}$ sein muss. Tatsächlich betrachten wir im Folgenden auch stets nur eine kleine Kreisscheibe $D_\varrho(\tau_0)$ um τ_0, sodass die $\wp$-Funktion in genau einem Punkt verzweigt ist. Dabei erinnern wir an die Definition der Funktion $z_0(\tau)$ aus Korollar 2.7 über

$$\wp(z, \tau) = 0 \Leftrightarrow z \equiv \pm z_0(\tau) \quad \mod \Gamma = \mathbb{Z} \oplus \mathbb{Z}\tau$$

auf dem analytischen Gebilde

$$\mathcal{N} = \{ (z, \tau) \in \mathbb{C} \times \mathbb{H} \mid \wp(z, \tau) = 0 \} .$$

Somit liegt τ für einen beliebigen Punkt $(z, \tau) \in \mathcal{N}$ stets innerhalb der Kreisscheibe $D_\varrho(\tau_0)$ und wir können nach Satz 3.13 eine Potenzreihe um den Entwicklungspunkt τ_0

$$\pm z_0(\tau) \equiv P(\tau) = \sum_{n=0}^{\infty} b_n (\tau - \tau_0)^n \quad \mod \Gamma$$

mit Koeffizienten $b_1, \cdots, b_n \in \mathbb{C}$ für alle $\tau \in D_\varrho(\tau_0)$ angeben. Unter Ausnutzung dieser Potenzreihe zeigen wir den folgenden Satz.

Satz 3.14. *(Potenzreihe der z_0-Funktion I.)* *Die lokale z_0-Funktion lässt sich in eine bis auf das Vorzeichen eindeutige Potenzreihe*

$$\pm z_0(\tau) \equiv Q(w) = \sum_{k=2l-1}^{\infty} c_k w^k \quad \mathrm{mod}\ \tfrac{1}{2}\Gamma = \left\{ \tfrac{m}{2} + \tfrac{n}{2}\tau \mid (m,n) \in \mathbb{Z}^2 \right\}$$

in einer Variable w um den Entwicklungspunkt 0 mit Koeffizienten $c_0, \cdots, c_k \in \mathbb{C}$ und $l \in \mathbb{N}$ als Komposition unverzweigter Überlagerungen entwickeln.

Beweis. Der Satz von Riemann-Hurwitz (Satz 3.12) hat gezeigt, dass die $\wp$-Funktion eine zweiblättrige, verzweigte Überlagerung mit den 2-Torsionspunkten als Verzweigungspunkten ist. Daraus geht hervor, dass die Projektion auf die zweite Komponente

$$\pi_2 : \mathcal{N} \to D_\varrho(\tau_0), (z,\tau) \mapsto \tau$$

ebenfalls eine zweiblättrige, verzweigte Überlagerung darstellt. Die dazugehörigen Verzweigungspunkte entsprechen genau den zu i äquivalenten Punkten, sodass sich die Menge $\mathcal{P}_{\pi_2}$ der Verzweigungspunkte zur Projektionsabbildung als

$$\mathcal{P}_{\pi_2} = \left\{ \tau \in \mathbb{H} \mid \tau = Mi \text{ für } M = \left(\begin{smallmatrix} a & b \\ c & d \end{smallmatrix} \right) \in \mathrm{SL}_2(\mathbb{Z}) \right\}$$

schreiben lässt. Wie in Abschnitt 2.1 nutzen wir die lokalen Eigenschaften des analytischen Gebildes durch die Wahl von τ_0 und kennzeichnen diese Konstruktion von nun an mit $\mathcal{N}_{\mathrm{loc}}$. Somit ist die Überlagerungsabbildung

$$\pi_2 := \pi_2|_{\mathcal{N}_{\mathrm{loc}}}$$

als Einschränkung auf $\mathcal{N}_{\mathrm{loc}}$ lediglich in genau einem Punkt, dem Mittelpunkt der Kreisscheibe $D_\varrho(\tau_0)$, verzweigt. Gelingt es uns, $D_\varrho(\tau)$ auf den Einheitskreis zurückzuziehen, so lässt sich Satz 3.11 aus Abschnitt 3.1 anwenden, um eine unverzweigte Überlagerung zu konstruieren. Durch eine stetige Translation $t : D_\varrho(\tau_0) \to D_\varrho(0), z \mapsto z - \tau_0$ erhält man die Komposition

$$\tilde{\varphi} := t \circ \pi_2 \text{ mit } \tilde{\varphi} : \mathcal{N}_{\mathrm{loc}} \to D_\varrho(0), (z,\tau) \mapsto t(\tau) = \tau - \tau_0$$

Setze ohne Einschränkung den Radius $\varrho = 1$, also $D := D_1(0)$, dann ergibt sich die gewünschte Konstruktion einer unverzweigten Überlagerung in der punktierten Kreisscheibe D^*.

Da die $\wp$-Funktion nach Abschnitt 3.2 zweiblättrig ist, müssen wir im Hinblick auf die Anwendung von Satz 3.11 mit $d = 2$, also der Potenzabbildung $p_2 : D \to D, z \mapsto z^2$, arbeiten. Es ergibt sich die Existenz einer unverzweigten Überlagerung $\varphi : \mathcal{N}_{\mathrm{loc}} \to D$ mit folgendem kommutativen Diagramm

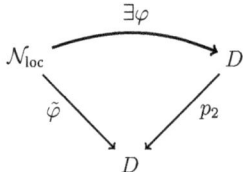

und der Beziehung $\tilde{\varphi} = p_2 \circ \varphi$. Definiere nun $w := \varphi(z, \tau) \in D$ mit $w^2 = \tau - \tau_0$. Da $\varphi : \mathcal{N}_{\text{loc}} \to D$ lokal biholomorph als unverzweigte Überlagerung ist, existiert die Umkehrabbildung

$$\varphi^{-1} : D \to \mathcal{N}_{\text{loc}} \text{ mit } \varphi^{-1}(w) = (z, \tau).$$

Über die Projektion der Abbildung φ^{-1} auf die erste Komponente

$$\pi_1 : \mathcal{N}_{\text{loc}} \to \mathbb{C}, (z, \tau) \mapsto z$$

ist z Nullstelle von $\wp(z, \tau)$ und genügt nach Korollar 2.7 der Beziehung

$$\pi_1 \circ \varphi^{-1}(w) = \pi_1(z, \tau) = z \equiv \pm z_0(\tau) \qquad \text{mod } \Gamma.$$

Da für die $\wp$-Funktion nach Abschnitt 3.2 $\mathcal{P}_\wp \in \frac{1}{2}\Gamma$ gilt, lässt sich die lokale Funktion $z_0(\tau)$ somit als Potenzreihe in der Variable w um den Entwicklungspunkt 0 in der Form

$$\pm z_0(\tau) \equiv \pi_1 \circ \varphi^{-1}(w) = \sum_{k=0}^{\infty} c_k w^k \qquad \text{mod } \frac{1}{2}\Gamma$$

schreiben. Es bleibt zu zeigen, dass die Terme mit geradem k verschwinden.

Aus dem bisherigen Beweis wird ersichtlich, dass φ und damit auch $w = \varphi(z, \tau)$ nur eindeutig bis auf das Vorzeichen sind. Der Wechsel des Vorzeichens ist dabei die eindeutige, nichttriviale Decktransformation zur zweiblättrigen Überlagerung π_2, also der mit der Projektion π_2 verträgliche Homöomorphismus $f : \mathcal{N}_{\text{loc}} \to \mathcal{N}_{\text{loc}}$ mit $\pi_2 \circ f = \pi_2$. Mit anderen Worten muss die Substitution $w \mapsto -w$ auf die gleiche z_0-Funkton führen. Die Abbildung φ ist lokal biholomorph und damit bijektiv, sodass hieraus ein anderer Zweig von $z_0(\tau)$ resultiert. Nach Korollar 2.7 kann diese andere Lösung lediglich $-z_0(\tau)$ modulo Gitter sein. Wir erhalten modulo $\frac{1}{2}\Gamma$ und eventueller Gittertranslation

$$\pi_1 \circ \varphi^{-1}(-w) = -\pi_1 \circ \varphi^{-1}(w),$$

weswegen die Potenzreihe $Q(w)$ nur Terme mit ungeradem k enthalten darf. $\qquad \square$

Korollar 3.15. *(Potenzreihe der z_0-Funktion II.) Für die Funktion $z_0(\tau)$ mit der Potenzreihe aus Satz 3.14 zum Gitter $\Gamma = \mathbb{Z} \oplus \mathbb{Z}\tau$ gilt*

$$z_0(\tau) = \pm \sum_{k=2l-1}^{\infty} c_k w^k + \tfrac{m}{2} + \tfrac{n}{2}\tau \text{ für } l \in \mathbb{N} \text{ und } m, n \in \mathbb{Z}.$$

Der Satz 3.14 und das Korollar 3.15 verdeutlichen folgende Problemstellungen:

1. Die z_0-Funktion ist lediglich lokal auf einer kleinen Umgebung um ein fixes $\tau \in \mathbb{H}$ mit $\tau \to \tau_0$ definiert, wobei $\tau_0 \in \mathbb{H}$ Verzweigungspunkt der Überlagerung π_2 ist.

2. $z_0(\tau)$ ist nur eindeutig bis auf das Vorzeichen und bis auf Gittertranslationen.

3. Die Variable w kann unter Berücksichtigung des analytischen Gebildes der Wurzelfunktion höchstens formal als $w = (\tau - \tau_0)^{\frac{1}{2}}$ und die Potenzreihe für $l \in \mathbb{N}$ damit via

$$z_0(\tau) = \pm \sum_{k=2l-1}^{\infty} c_k (\tau - \tau_0)^{\frac{k}{2}} + \tfrac{m}{2} + \tfrac{n}{2}\tau = \pm \sum_{r=0}^{\infty} c_r (\tau - \tau_0)^{r+\frac{1}{2}} + \tfrac{m}{2} + \tfrac{n}{2}\tau$$

mit $r = \frac{k-1}{2}$ geschrieben werden.

Laurentreihe der z_1-Funktion

Um die angesprochenen Schwierigkeiten auszuräumen, definieren wir die Funktion $z_1(\tau)$ für ein fixes $\tau \in \mathbb{H}$ durch $z_1(\tau) := z_0''(\tau)^2$ als quadrierte, zweite Ableitung der bekannten z_0-Funktion. Wir ermitteln ihre Reihenentwicklung in Form einer Laurentreihe (vgl. [FB06, S.144]), um nachzuvollziehen, warum sich $z_1(\tau)$ besser als $z_0(\tau)$ eignet.

Definition 3.16. *(Laurententwicklung.) Sei f eine analytische Funktion in einem Kreisgebiet $\mathcal{R} := \{z \in \mathbb{C} \mid r < |z - z_0| < R\}$ mit $0 \leq r < R \leq \infty$. Dann lässt sich f in eine Laurentreihe der Form*

$$\sum_{n=-\infty}^{\infty} a_n (z - z_0)^n \quad \text{für } z \in \mathcal{R}$$

entwickeln, welche in $\mathcal{R}$ konvergiert.

Satz 3.17. *(Eigenschaften der z_1-Funktion.) Es gibt eine eindeutige, global meromorphe Funktion $z_1(\tau)$ mit der Eigenschaft $z_1(\tau) = z_0''(\tau)^2$ für jeden Zweig von $z_0(\tau)$ und die in einer Umgebung um einen Verzweigungspunkt τ_0 die Laurentreihenentwicklung*

$$z_1(\tau) = a_{-3}(\tau - \tau_0)^{-3} + a_{-2}(\tau - \tau_0)^{-2} + \cdots$$

für die komplexen Konstanten $a_{-3}, a_{-2}, \cdots$ hat. In allen anderen Punkten ungleich τ_0 ist $z_1(\tau)$ sogar global holomorph.

Beweis. Der zweite Teil der Aussage folgt, da die bekannte Funktion $z_0(\tau)$ weg von den Verzweigungspunkten lokal holomorph ist. Wir sehen, dass die Funktion $z_1(\tau)$ nicht mehr von den Wahlen $m, n \in \mathbb{Z}$ abhängt. Da $z_1(\tau)$ auch nicht mehr nur eindeutig bis auf das Vorzeichen ist, können wir so auf die Funktion $z_1 : \mathbb{H} \to \mathbb{C}$ schließen, die zwar lokal abgeleitet wurde, aber auf ganz $\mathbb{H}$ zu einer global meromorphen und außerhalb der Verzweigungspunkte zu einer global holomorphen Funktion verheftet werden kann. Aus dem vorherigen Abschnitt ist unter Berücksichtigung der vierten Bemerkung die Potenzreihenentwicklung der z_0-Funktion durch

$$z_0(\tau) = \pm \sum_{r=0}^{\infty} c_r(\tau - \tau_0)^{r+\frac{1}{2}} + \frac{m}{2} + \frac{n}{2}\tau$$

für $m, n \in \mathbb{Z}$ bekannt. Da $z_0(\tau)$ lokal holomorph ist, können wir die Funktion nach dem Satz von Weierstraß (vgl. [Wei21, S.48]) ableiten. Da die zweite Ableitung von $m + n\tau$ verschwindet, gilt sofort

$$z_0''(\tau) = \pm \sum_{r=0}^{\infty} \left(r + \tfrac{1}{2}\right)\left(r - \tfrac{1}{2}\right) c_r(\tau - \tau_0)^{r-\frac{3}{2}}$$
$$= \pm \left(-\tfrac{1}{4}c_0(\tau - \tau_0)^{-\frac{3}{2}} + \tfrac{3}{4}c_1(\tau - \tau_0)^{-\frac{1}{2}} + \cdots\right)$$

und somit die Laurentreihe

$$z_0''(\tau)^2 = \tfrac{1}{16}c_0^2(\tau - \tau_0)^{-3} - \tfrac{3}{8}c_0 c_1(\tau - \tau_0)^{-2} + \tfrac{9}{16}c_1^2(\tau - \tau_0)^{-1} + \cdots$$

durch Quadrieren mit Cauchy-Faltung. $\qquad\square$

Wir fordern nicht, dass die Konstante a_{-3} aus Satz 3.17 ungleich Null sein muss, weswegen $z_1(\tau)$ Polstellen höchstens dritter Ordnung besitzt. Diese treten in den Verzweigungspunkten der Überlagerung π_2, also den Punkten

$$\mathcal{P}_{\pi_2} = \{\tau \in \mathbb{H} \mid \tau = Mi \text{ für } M = \left(\begin{smallmatrix} a & b \\ c & d \end{smallmatrix}\right) \in \mathrm{SL}_2(\mathbb{Z})\},$$

auf. Bekanntermaßen hat auch die Eisensteinreihe G_6 aus Definition 2.8 bzw. deren Normalisierung $E_6 = \frac{G_6}{2\zeta(6)}$, die im Beweis von Satz 2.19 definiert wurde, Nullstellen in den zu i äquivalenten Punkten. Insgesamt haben wir die folgende fundamentale Erkenntnis gewonnen.

Korollar 3.18. *(fundamentale Eigenschaft der* z_1-**Funktion***.) Die Funktion* $z_1(\tau)$ *ist global meromorph auf* $\mathbb{H}$ *mit der Laurentreihe aus Satz 3.17 und Polen höchstens dritter Ordnung in den Verzweigungspunkten* τ*. Diese sind genau die zu* i *äquivalenten Punkte im Gitter* $\Gamma = \mathbb{Z} \oplus \mathbb{Z}\tau$ *und können mit den Nullstellen von* $E_6(\tau)$ *identifiziert werden.*

4 Jacobiformen

Wie bereits in der Einleitung postuliert, fassen wir die Weierstraß'sche $\wp$-Funktion als Abbildung $\wp : \mathbb{C} \times \mathbb{H} \to \mathbb{C} \cup \{\infty\}$ in zwei Variablen auf. Deshalb ergibt es im Folgenden Sinn, die maßgebliche Theorie der Modulformen aus Abschnitt 2.3 auf einen höherdimensionalen Fall zu erweitern. Wir möchten nun Jacobiformen definieren, die eine Kombination aus elliptischen Funktionen und Modulformen darstellen.

4.1 Definition von Jacobiformen

Holomorphe Jacobiformen

Bevor wir eine holomorphe Jacobiform definieren, fordern wir zwei Eigenschaften, die uns zur Definition einer Jacobifunktion bringen. Dies erfolgt analog zu den Modulfunktionen (vgl. [FB06, S.341]) und ist angelehnt an [Zag92, S.277].

Definition 4.1. *(Jacobifunktion.) Eine holomorphe Abbildung $\phi : \mathbb{C} \times \mathbb{H} \to \mathbb{C}$ heißt holomorphe Jacobifunktion, falls folgendes gilt:*
(i) $\phi(z + m + n\tau, \tau) = \phi(z, \tau)$ für alle $m, n \in \mathbb{Z}$,
(ii) $\phi\left(\frac{z}{c\tau+d}, \frac{a\tau+b}{c\tau+d}\right) = \phi(z, \tau)$ für alle $\left(\begin{smallmatrix} a & b \\ c & d \end{smallmatrix}\right) \in SL_2(\mathbb{Z})$.
Ist ϕ meromorph auf $\mathbb{C} \times \mathbb{H}$, so heißt ϕ meromorphe Jacobifunktion.

Wie bei einer Modulfunktion behandeln wir zunächst Funktionen Φ auf einem Gitter $\Gamma = \mathbb{Z} \oplus \mathbb{Z}\tau$, die invariant unter Skalarmultiplikation $\Gamma \mapsto \lambda\Gamma$ mit $\lambda \in \mathbb{C}^*$ sind. Über $\phi(\tau) = \Phi(\Gamma)$ wird eine Modulfunktion in der Variable $\tau \in \mathbb{H}$ beschrieben, welche auf unseren zweidimensionalen Fall für $z \in \mathbb{C}$ erweitert werden kann: $\phi(z, \tau) = \Phi(z, \Gamma)$. Da der Quotient $\mathbb{C}/\Gamma$ eine elliptische Kurve ist, können wir ϕ und Φ als Funktionen auf elliptischen Kurven verstehen. Dann folgen die Eigenschaften (i) und (ii) aus der vorherigen Definition aus den Gleichungen

$$\Phi(\lambda z, \lambda\Gamma) = \Phi(z, \Gamma) \quad \text{und} \quad \Phi(z + \gamma, \Gamma) = \Phi(z, \Gamma)$$

für alle $\lambda \in \mathbb{C}^*$ und $\gamma = m + n\tau \in \Gamma$ mit $m, n \in \mathbb{Z}$ wegen $\phi(z, \tau) = \Phi(z, \Gamma)$.

Aus der Funktionentheorie ist der erste Satz von Liouville bekannt. Dieser besagt, dass jede elliptische Funktion ohne Polstellen konstant sein muss (vgl. [FB06, S.258]). Somit kann es keine nicht-verschwindende holomorphe Jacobifunktion geben, da holomorphe

Funktionen keine Polstellen besitzen.

Es wird ersichtlich, dass die Konstruktion von Jacobifunktionen analog zu den Modulfunktionen zu restriktiv ist und daraus nur wenige nützliche Eigenschaften resultieren. Bei den Modulformen vom Gewicht k aus Abschnitt 2.3 erlauben wir Funktionen, die sich mit einem Gewichtungsfaktor $\lambda^{-k} := (c\tau + d)^k$ unter der Gittertransformation $\Gamma \mapsto \lambda\Gamma$ skalieren lassen. In gleicher Weise erhalten wir so die Definition einer holomorphen Jacobiform, die geeignete Skalierungsfaktoren besitzt, wie in [EZ85, S.1]. Wie gewohnt beschreiben wir eine Modulform hinsichtlich ihres Gewichts. Es ergibt Sinn, diese Bezeichnung auch für Jacobiformen in zwei Variablen beizubehalten. Weiterführend benötigen wir hierzu noch eine zweite ganze Zahl, den sogenannten Index einer Jacobiform, der das Transformationsverhalten in der elliptischen Variable beschreibt.

Definition 4.2. *(holomorphe Jacobiform.) Sei* $\phi : \mathbb{C} \times \mathbb{H} \to \mathbb{C}$ *eine holomorphe Funktion in zwei Variablen. Dann heißt* ϕ *holomorphe Jacobiform vom Gewicht k und dem Index l, kurz* $\phi \in \mathfrak{J}_{k,l}$, *falls die folgenden Eigenschaften gelten:*

(J1) Erstes Transformationsverhalten:

$$\phi(z + m + n\tau, \tau) = \exp\left(-2\pi i l(m^2\tau + 2mz)\right)\phi(z,\tau) \quad \text{für alle } m, n \in \mathbb{Z}.$$

(J2) Zweites Transformationsverhalten:

$$\phi\left(\frac{z}{c\tau + d}, \frac{a\tau + b}{c\tau + d}\right) = (c\tau + d)^k \exp\left(\frac{2\pi i l c z^2}{c\tau + d}\right)\phi(z,\tau) \quad \text{für alle } \left(\begin{smallmatrix} a & b \\ c & d \end{smallmatrix}\right) \in \mathrm{SL}_2(\mathbb{Z}).$$

(J3) Fourierentwicklung:

$$\phi(z,\tau) = \sum_{s=0}^{\infty} \sum_{\substack{r \in \mathbb{Z} \\ r^2 \leq 4ls}} c_{r,s} q^s \zeta^r \quad \text{mit } q = \exp(2\pi i \tau) \text{ und } \zeta = \exp(2\pi i z).$$

Es fällt sofort auf, dass eine holomorphe Jacobiform durch verschiedene Parameter konzipiert wird. Um uns mit der Konstruktion von Jacobiformen besser vertraut zu machen, untersuchen wir einige Spezialfälle. Zunächst interessieren wir uns für die Einschränkung $\tau \mapsto \phi(0, \tau)$ einer holomorphen Jacobiform $\phi \in \mathfrak{J}_{k,l}$ auf $z = 0$, dann für holomorphe Jacobiformen mit Index 0.

Beispiel 4.3. *(holomorphe Jacobiformen im Nullpunkt.) Betrachte eine holomorphe Jacobiform* $f \in \mathfrak{J}_{k,l}$ *vom Gewicht k und dem Index l. Wenden wir $z = 0$ auf (J2) aus Definition 4.2 an, so ergibt sich*

$$f\left(0, \frac{a\tau + b}{c\tau + d}\right) = (c\tau + d)^k f(0, \tau).$$

Insbesondere besitzt f die Fourierentwicklung

$$f(0, \tau) = \sum_{s=0}^{\infty} a_s q^s$$

mit $a_s := \sum_{r \in \mathbb{Z}, r^2 \leq 4ls} c_{r,s}$. *Also ist f eine holomorphe Modulform vom Gewicht k.*

Beispiel 4.4. *(holomorphe Jacobiformen mit dem Index 0.) Betrachte* $f \in \mathfrak{J}_{k,0}$ *vom Gewicht k und dem Index 0. Wegen* $l = 0$ *fallen sowohl in der ersten als auch der zweiten Transformationsformel (J1) und (J2) aus Definition 4.2 die Exponentialterme weg. Für die Fourierentwicklung wird nur über* $r = 0$ *summiert und man erhält*

$$f(z, \tau) = \sum_{s=0}^{\infty} c_{0,s} q^s .$$

Somit ist f unabhängig von z und kann als holomorphe Modulform in einer Variable auf-gefasst werden.

Meromorphe Jacobiformen

Wir werden sehen, dass die Weierstraß'sche $\wp$-Funktion eine Jacobiform vom Gewicht 2 und dem Index 0 wie im vorherigen Beispiel darstellt. Unsere bisherigen Erkenntnisse liefern uns jedoch, dass die $\wp$-Funktion stets von ihrer elliptischen Variable z abhängt. Dies steht jedoch im Widerspruch zur Aussage von Beispiel 4.4. Also müssen wir zukünftig wie folgt differenziert argumentieren:

Bisher wurden stets holomorphe Jacobiformen behandelt, die eine gewisse Ähnlichkeit zu den holomorphen Modulformen aufweisen. Von nun an interessieren wir uns für meromorphe Jacobiformen, für die die speziellen Aussagen aus den Beispielen 4.3 und 4.4 nicht zutreffen. Auch im darauffolgenden Abschnitt 4.2 werden wir einen weiteren Satz behandeln, der belegt, warum die $\wp$-Funktion keine holomorphe Jacobiform sein kann. Wir definieren den Begriff der meromorphen Jacobiform gemäß [CK03, S.3310]:

Definition 4.5. *(meromorphe Jacobiform.) Sei die Funktion* $\phi : \mathbb{C} \times \mathbb{H} \to \mathbb{C}$ *meromorph in zwei Variablen. Dann heißt* ϕ *meromorphe Jacobiform vom Gewicht k und dem Index l, kurz* $\phi \in \mathfrak{M}\mathfrak{J}_{k,l}$ *falls die folgenden Eigenschaften gelten:*
(MJ1) Erstes Transformationsverhalten:

$$\phi(z + m + n\tau, \tau) = \exp\left(-2\pi i l(m^2\tau + 2mz)\right) \phi(z, \tau) \quad \text{für alle } m, n \in \mathbb{Z} .$$

(MJ2) Zweites Transformationsverhalten:

$$\phi\left(\frac{z}{c\tau + d}, \frac{a\tau + b}{c\tau + d}\right) = (c\tau + d)^k \exp\left(\frac{2\pi i l c z^2}{c\tau + d}\right) \phi(z, \tau) \quad \text{für alle } \left(\begin{smallmatrix} a & b \\ c & d \end{smallmatrix}\right) \in \mathrm{SL}_2(\mathbb{Z}) .$$

(MJ3) Es gibt eine meromorphe Fourierentwicklung

$$\phi(z, \tau) = \sum_{s \geq h} c_s(z) q^s \quad mit\ 0 < |\zeta| < A\ und\ 0 < |q| < B|\zeta|^N$$

für die Konstanten $A, B, h \in \mathbb{Z}$, $N \in \mathbb{N}$ und Koeffizienten $c_s(z)$ aus dem Körper $\mathbb{C}(\zeta)$ der gebrochenrationalen Funktionen.

Wir zeigen nun die Eigenschaften (MJ1) und (MJ2) aus Definition 4.5 für die Weier-straß'sche $\wp$-Funktion und untersuchen die Eigenschaft (MJ3) separat in Abschnitt 4.3.

Satz 4.6. *($\wp$-**Funktion als Jacobiform**.) Die Weierstraß'sche $\wp$-Funktion ist eine mero-morphe Jacobiform vom Gewicht 2 und dem Index 0, das heißt es gilt:*

- $\wp(z + m + n\tau, \tau) = \wp(z, \tau)$ *für alle $m, n \in \mathbb{Z}$,*

- $\wp\left(\frac{z}{c\tau+d}, \frac{a\tau+b}{c\tau+d}\right) = (c\tau + d)^2 \wp(z, \tau)$ *für alle $\left(\begin{smallmatrix} a & b \\ c & d \end{smallmatrix}\right) \in SL_2(\mathbb{Z})$,*

und $\wp(z, \tau)$ besitzt eine Fourierentwicklung wie in (MJ3).

Beweis. Da die $\wp$-Funktion über alle $(c, d) \in \mathbb{Z}^2 \setminus \{(0, 0)\}$ summiert wird, ergibt sich unmittelbar die erste Eigenschaft des Satzes. Es bleibt das Transformationsverhalten zu zeigen, wofür wir die folgende Notation einführen:

$$\Lambda = \mathbb{Z} \oplus \mathbb{Z}\frac{a\tau + b}{c\tau + d} \quad und \quad \tilde{\Lambda} = \Lambda \cdot (c\tau + d) = \mathbb{Z}(c\tau + d) \oplus \mathbb{Z}(a\tau + b) \, .$$

Es gilt:

$$
\begin{aligned}
\wp\left(\frac{z}{c\tau+d}, \frac{a\tau+b}{c\tau+d}\right) &\stackrel{\text{def.}}{=} \frac{(c\tau+d)^2}{z^2} + \sum_{\gamma \in \Lambda\setminus\{0\}} \left(\frac{1}{\left(\frac{z}{c\tau+d}+\gamma\right)^2} - \frac{1}{\gamma^2}\right) \\
&= \frac{(c\tau+d)^2}{z^2} + \sum_{\gamma \in \tilde{\Lambda}\setminus\{0\}} \left(\frac{1}{\left(\frac{z}{c\tau+d}+\frac{\gamma}{c\tau+d}\right)^2} - \frac{1}{\left(\frac{\gamma}{c\tau+d}\right)^2}\right) \\
&= (c\tau+d)^2 \left(\frac{1}{z^2} + \sum_{\gamma \in \Gamma\setminus\{0\}} \left(\frac{1}{(z+\gamma)^2} - \frac{1}{\gamma^2}\right)\right) \\
&\stackrel{\text{def.}}{=} (c\tau+d)^2 \wp(z, \tau) \, .
\end{aligned}
$$

Die noch fehlende Fourierentwicklung wird in Satz 4.12 und Korollar 4.13 konstruiert.

$\square$

Funktionalgleichung der z_0-Funktion

Wir greifen zunächst die bekannten Resultate zur lokalen z_0-Funktion aus Abschnitt 2.1 auf. Die Aussage in Korollar 2.7 fundiert auf der Charakterisierung der Nullstellen der $\wp$-Funktion über die lokal definierte Funktion $z_0(\tau)$. Diese genügt der Beziehung

$$z \equiv \pm z_0(\tau) \quad \mathrm{mod}\ \Gamma \Leftrightarrow \wp(z, \tau) = 0 \, .$$

Aus der Hinrichtung folgt per Konstruktion sofort, dass auch $\wp(z_0(\tau), \tau) = 0$ für ein fixes $\tau \in \mathbb{H}$ gelten muss. Mit dem ersten Transformationsverhalten aus Satz 4.6 ergibt sich

$$\wp\left(\frac{z_0(\tau)}{c\tau + d}, M\tau\right) = (c\tau + d)^2 \underbrace{\wp\left(z_0(\tau), \tau\right)}_{=0} = 0 \quad \text{für } M := \left(\begin{smallmatrix} a & b \\ c & d \end{smallmatrix}\right) \in \mathrm{SL}_2(\mathbb{Z}) \, .$$

Über die Rückrichtung der obigen Äquivalenz, die auf $\wp\left(\frac{z_0(\tau)}{c\tau + d}, M\tau\right)$ angewendet wird, folgt insgesamt

$$\frac{z_0(\tau)}{c\tau + d} \equiv \pm z_0(M\tau) \quad \mathrm{mod}\ \Lambda \quad \text{bzw.} \quad \left(z_0(\tau)|_{-1} M\right)(\tau) \equiv \pm z_0(\tau) \quad \mathrm{mod}\ \Lambda$$

in der Schreibweise des Petersson'schen Strichoperators mit $\Lambda = \mathbb{Z} \oplus \mathbb{Z}\frac{a\tau + b}{c\tau + d}$. Gleichermaßen gilt

$$z_0(\tau) \equiv \pm(c\tau + d)z_0(M\tau) \quad \mathrm{mod}\ \tilde{\Lambda} \, ,$$

wobei $\tilde{\Lambda} = \Lambda \cdot (c\tau + d) = \mathbb{Z}(c\tau + d) \oplus \mathbb{Z}(a\tau + b)$ wie im Beweis von Satz 4.6 definiert ist. Es liegt damit nahe, dass es sich bei der Funktion $z_0(\tau)$ um eine Modulform vom Gewicht -1 mit Wirkung auf $\mathrm{SL}_2(\mathbb{Z})$ handelt. Dies ist, zumindest lokal für unsere derart konstruierte Funktion $z_0(\tau)$, tatsächlich der Fall. Im globalen Sinne handelt es sich bei der z_0-Funktion jedoch um eine mehrwertige Modulform mit unendlich vielen Verzweigungsästen. Da die beiden Gitter $\Gamma = \mathbb{Z} \oplus \mathbb{Z}\tau = \{m + n\tau \mid (m, n) \in \mathbb{Z}^2\}$ und $\tilde{\Lambda} = \mathbb{Z}(a\tau + b) \oplus \mathbb{Z}(c\tau + d)$ auf natürliche Weise übereinstimmen, ergibt sich zusammen mit der zuletzt erhaltenen Formel die Funktionalgleichung der z_0-Funktion:

$$z_0(\tau) = m + n\tau \pm (c\tau + d) \cdot z_0\left(\frac{a\tau + b}{c\tau + d}\right)$$

Zwar ermöglicht uns diese Konkretisierung die Funktion $z_0(\tau)$ auf analytische Weise zu untersuchen, jedoch treten wie in Abschnitt 3.3 zwei Problemstellungen auf:

1. Die Funktion $z_0(\tau)$ hängt von den Verzweigungsästen in der Form $\tau \mapsto m + n\tau$ ab.

2. Die Funktion $z_0(\tau)$ ist lediglich eindeutig bis auf das Vorzeichen.

Funktionalgleichung der z_1-Funktion

Wie in Abschnitt 3.3 sei $z_1(\tau) := z_0''(\tau)^2$ die quadrierte, zweite Ableitung der lokalen z_0-Funktion. Wir bestimmen eine Funktionalgleichung der z_1-Funktion, um nachzuvollziehen, warum sich $z_1(\tau)$ besser als $z_0(\tau)$ eignet.

Satz 4.7. (Eigenschaften der z_1-Funktion.) *Die Funktion $z_1 : \mathbb{H} \to \mathbb{C}$ ist wohldefiniert auf ganz $\mathbb{H}$ als meromorphe Funktion, hängt im Gegensatz zu $z_0(\tau)$ nicht von den Wahlen $m, n \in \mathbb{Z}$ ab und erfüllt die Transformationseigenschaft*

$$z_1(\tau) = (c\tau + d)^{-6} \cdot z_1\left(\frac{a\tau + b}{c\tau + d}\right) \text{ für } \left(\begin{smallmatrix} a & b \\ c & d \end{smallmatrix}\right) \in \mathrm{SL}_2(\mathbb{Z}).$$

Insbesondere ist $z_1(\tau)$ eine Modulform vom Gewicht 6 außerhalb der Verzweigungspunkte von $z_0(\tau)$.

Beweis. Durch die lokale Konstruktion der z_0-Funktion in Abschnitt 2.1 mit dem Satz über die implizite holomorphe Funktion (vgl. Satz 2.5) wird ersichtlich, dass $z_0(\tau)$ in einer kleinen Umgebung um ein beliebiges, aber festes $\tau \in \mathbb{H}$ stets lokal meromorph ist. Dies gilt damit auch für $z_1(\tau)$. Da jedoch $z_1(\tau)$ wie in Abschnitt 3.3 nicht von den Wahlen von $m, n \in \mathbb{Z}$ abhängt, folgt sogar die globale Meromorphie der z_1-Funktion durch Verheften der kleinen Umgebungen. Differenzieren der Funktion $z_0(\tau)$ liefert mit der Produktregel zunächst

$$z_0'(\tau) = n \pm c z_0\left(\frac{a\tau + b}{c\tau + d}\right) \pm (c\tau + d) z_0'\left(\frac{a\tau + b}{c\tau + d}\right) \frac{a(c\tau + d) - c(a\tau + b)}{(c\tau + d)^2}$$

$$= n \pm c z_0\left(\frac{a\tau + b}{c\tau + d}\right) \pm (c\tau + d)^{-1} z_0'\left(\frac{a\tau + b}{c\tau + d}\right)$$

und dann

$$z_0''(\tau) = \pm c z_0'\left(\frac{a\tau + b}{c\tau + d}\right)(c\tau + d)^{-2} \mp c(c\tau + d)^{-2} z_0'\left(\frac{a\tau + b}{c\tau + d}\right) \pm (c\tau + d)^{-3} z_0''\left(\frac{a\tau + b}{c\tau + d}\right)$$

$$= \pm(c\tau + d)^{-3} z_0''\left(\frac{a\tau + b}{c\tau + d}\right).$$

Damit ist wegen

$$z_1\left(\frac{a\tau + b}{c\tau + d}\right) = (c\tau + d)^6 \cdot z_1(\tau)$$

die Funktion $z_1(\tau)$ eine Modulform vom Gewicht 6 für die volle Modulgruppe $\mathrm{SL}_2(\mathbb{Z})$. $\square$

4.2 Strichoperator für Jacobiformen

Im Abschnitt 2.3 zur Konstruktion der Modulformen haben wir uns bereits intensiv mit dem Petersson'schen Strichoperator $|_k$ beschäftigt. Dieser ermöglicht uns eine recht simple Charakterisierung von Modulformen (vgl. Satz 2.16 und Korollar 2.17). Analog dazu möchten wir nun einen funktionell identischen Operator für eine beliebige Jacobiform konstruieren. Zusätzlich besteht ein besonderes Interesse darin, die Eisensteinreihen als Jacobiform über diesen Operator zu beschreiben.

Wir fixieren hierzu das Gewicht k und den Index l einer Jacobiform mit $k, l \in \mathbb{Z}$ und definieren den Strichoperator für Jacobiformen via

$$(\phi|_{k,l} M)(z, \tau) := (c\tau + d)^{-k} \exp\left(2\pi i l \left(\frac{-cz^2}{c\tau + d}\right)\right) \phi\left(\frac{z}{c\tau + d}, \frac{a\tau + b}{c\tau + d}\right)$$

für alle $M := \left(\begin{smallmatrix} a & b \\ c & d \end{smallmatrix}\right) \in \mathrm{SL}_2(\mathbb{Z})$ und via

$$\phi|_l X(z, \tau) = \exp\left(2\pi i l(n^2\tau + 2nz)\right) \phi(z + m + n\tau, \tau)$$

für alle Paare $X := (m, n) \in \mathbb{Z}^2$. Mit diesem so konstruierten Strichoperator können wir die Transformationseigenschaften (J1) und (J2) einer holomorphen Jacobiform aus Definition 4.2 in der Form

$$\phi|_{k,l} M = \phi \quad \forall M \in \mathrm{SL}_2(\mathbb{Z}) \qquad \text{und} \qquad \phi|_l X = \phi \quad \forall X \in \mathbb{Z}^2 \tag{4.1}$$

schreiben. Wir untersuchen einige Eigenschaften dieses Strichoperators.

Satz 4.8. (Eigenschaften des Strichoperators für Jacobiformen.) Sei $\phi \in \mathfrak{J}_{k,l}$ gegeben. Für $M_1, M_2 \in \mathrm{SL}_2(\mathbb{Z})$ und $X_1, X_2 \in \mathbb{Z}^2$ gilt:
(i) $(\phi|_l X_1)|_l X_2 = \phi|_l (X_1 + X_2)$,
(ii) $(\phi|_{k,l} M_1)|_{k,l} M_2 = \phi|_{k,l}(M_1 M_2)$,
(iii) $(\phi|_{k,l} M_1)|_l (X_1 M_1) = (\phi|_l X_1)|_{k,l} M_1$.

Beweis. Wir führen exemplarisch den Beweis für (i). Seien $X_1 = (m_1, n_2), X_2 = (m_2, n_2)$ zwei Paare ganzer Zahlen und setze $\tilde{X} = X_1 \oplus X_2 = (\tilde{m}, \tilde{n})$ mit $\tilde{m} := m_1 + m_2$ und $\tilde{n} := n_1 + n_2$. Für $z \in \mathbb{C}$ und $\tau \in \mathbb{H}$ beliebig gilt:

$$((\phi|_l X_1)|_l X_2)(z, \tau) = \exp\left(2\pi i l \left(n_2^2\tau + 2n_2 z\right)\right) (\phi|_l X_1)(z + m_2 + n_2\tau, \tau)$$
$$= \exp\left(2\pi i l \left(n_2^2\tau + 2n_2 z + n_1^2\tau + 2n_1 \left(z + m_2 + n_2\tau\right)\right)\right) \phi(z + \tilde{m} + \tilde{n}\tau, \tau)$$
$$= \exp\left(2\pi i l \left(\tilde{n}^2\tau + 2\tilde{n}z\right)\right) \exp\left(4\pi i \cdot l n_1 m_2\right) \phi(z + \tilde{m} + \tilde{n}\tau, \tau)$$

Wegen $ln_1 m_2 \in \mathbb{Z}$ gilt $\exp(4\pi i \cdot l n_1 m_2)$ und damit die Behauptung für das Paar $(\tilde{m}, \tilde{n})$. Die Aussagen (ii) und (iii) können analog durch Nachrechnen hergeleitet werden. $\square$

Jacobigruppe und Jacobi-Eisensteinreihe

Durch die Eigenschaft (iii) aus Satz 4.8 ist eine Operation des semidirekten Produkts

$$SL_2^J(\mathbb{Z}) := SL_2(\mathbb{Z}) \ltimes \mathbb{Z}^2 = \left\{ (M, X) \mid M \in SL_2(\mathbb{Z}), X \in \mathbb{Z}^2 \right\}$$

auf dem Raum der holomorphen Funktionen $\mathcal{O}(\mathbb{C} \times \mathbb{H})$ definiert. Wir suchen hierzu weiter eine Gruppenstruktur auf $SL_2^J(\mathbb{Z})$. Diese ist durch die Verknüpfung

$$(M_1, X_1) \odot (M_2, X_2) := (M_1 M_2, X_1 M_2 + X_2)$$

über Matrixmultiplikation gegeben und liefert die sogenannte Jacobigruppe $(SL_2^J(\mathbb{Z}), \odot)$. Auf analoge Weise zum Verfahren in einer Variable definieren wir die Eisensteinreihe in zwei Variablen wie folgt:

Definition 4.9. *(Jacobi-Eisensteinreihe.) Sei die Untergruppe der Rechtsnebenklassen zur Jacobigruppe $SL_2^J(\mathbb{Z})$ gegeben durch*

$$SL_2^{J,\infty}(\mathbb{Z}) = \left\{ (M, X) \mid M \in SL_2^\infty(\mathbb{Z}), X \in \mathbb{Z}^2 \right\} .$$

Für $(M, X) \in \overline{SL_2^{J,\infty}(\mathbb{Z})} = SL_2^{J,\infty}(\mathbb{Z}) \setminus SL_2^J(\mathbb{Z})$ ist die Jacobi-Eisensteinreihe definiert durch

$$G_{k,l}(z, \tau) = \sum_{(M,X) \in \overline{SL_2^{J,\infty}(\mathbb{Z})}} 1|_{k,l}(M, X),$$

wobei (M, X) alle Rechtsnebenklassen von $SL_2^{J,\infty}(\mathbb{Z})$ nach $SL_2^J(\mathbb{Z})$ durchläuft.

Auf die Jacobi-Eisensteinreihe werden wir in Kapitel 6 erneut zu sprechen kommen. Der folgende Satz liefert indirekt eine weitere Begründung, warum die $\wp$-Funktion keine holomorphe Jacobiform vom Gewicht 2 und dem Index 0 sein kann.

Satz 4.10. *(Nullstellen einer holomorphen Jacobiform.) Sei $\phi \in \mathfrak{J}_{k,l}$. Falls die Funktion $f : \mathbb{C} \to \mathbb{C}, z \mapsto \phi(z, \tau)$ für ein festes $\tau \in \mathbb{H}$ nicht konstant verschwindet, dann hat f genau $2l$ Nullstellen in einer Fundamentalmasche $\mathcal{F} := \{m + n\tau \mid 0 \le m, n < 1\} \subset \Gamma$ (mit Vielfachheit gezählt).*

Beweis. Wir betrachten die Funktion

$$\vartheta(z, \tau) := \frac{1}{2\pi i} \frac{\phi_z(z, \tau)}{\phi(z, \tau)}$$

zu einer Jacobiform $\phi \in \mathfrak{J}_{k,l}$, wobei $\phi_z(z, \tau) := \frac{\partial}{\partial z}\phi(z, \tau)$. Da $\phi(z, \tau) \not\equiv 0$ für $\tau \in \mathbb{H}$ gilt,

34

kann ϑ über die logarithmische Ableitung beschrieben werden:

$$\vartheta(z,\tau) := \frac{1}{2\pi i} \frac{\phi_z(z,\tau)}{\phi(z,\tau)} = \frac{1}{2\pi i} \frac{d}{dz} \log(\phi(z,\tau)) \ .$$

Die Jacobiform ϕ erfüllt die Beziehung $\phi|_l X(z,\tau) = \phi(z,\tau)$ für $X = (m,n) \in \mathbb{Z}^2$ gemäß der Charakterisierung (4.1). Unter Anwendung des Strichoperators für Jacobiformen mit den Wahlen $(m,n) \in \{(1,0),(0,1)\}$ gilt:

- $\phi(z,\tau) = \phi|_l(1,0)(z,\tau) = \phi(z+1,\tau)$,

- $\phi(z,\tau) = \phi|_l(0,1)(z,\tau) = \exp(2\pi i l\,(\tau+2z))\,\phi(z+\tau,\tau)$.

Wir bemerken, dass ϕ unter der Substitution $z \mapsto z+1$ invariant ist. Mittels Kettenregel in der ersten Komponente bleibt diese Eigenschaft auch für die Funktion ϑ bestehen. Des Weiteren lässt sich zeigen, dass $\vartheta(z+\tau,\tau) = 2l + \vartheta(z,\tau)$ für $\tau \in \mathbb{H}$ ist. Es gilt:

$$\begin{aligned}
\vartheta(z,\tau) &= \frac{1}{2\pi i} \frac{d}{dz} \left(\log\left(\exp\left(2\pi i l\,(\tau+2z)\right)\phi(z+\tau,\tau)\right)\right) \\
&= \frac{1}{2\pi i} \frac{d}{dz} \left(2\pi i l\tau + 4\pi i l z + \log\left(\phi(z+\tau,\tau)\right)\right) \\
&= \frac{1}{2\pi i} 4\pi i l + \frac{1}{2\pi i} \frac{d}{dz} \log\left(\phi(z+\tau,\tau)\right) \\
&= 2l + \vartheta(z+\tau,\tau) \ .
\end{aligned}$$

Für die Integration über den Rand der Fundamentalmasche fixieren wir $\tau \in \mathbb{H}$ und betrachten die Wege $\gamma_i : [0,1] \times \mathbb{H} \to \mathbb{C} \times \mathbb{H}$ definiert durch $\gamma_i(t,\tau) = \phi(t\omega_i,\tau)$ mit Basisvektoren $\omega_1 = 1$ und $\omega_2 = \tau$ des Gitters $\Gamma = \mathbb{Z} \oplus \mathbb{Z}\tau$. Dies sind geschlossene, glatte Wege und für die Umlaufzahl gilt

$$N(\gamma_i,0) = \frac{1}{2\pi i} \int_0^1 \frac{\gamma_i'(t,\tau)}{\gamma_i(t,\tau)-0}\,dt = \frac{\omega_i}{2\pi i} \int_0^1 \frac{\phi'(t\omega_i,\tau)}{\phi(t\omega_i,\tau)}\,dt = \int_0^{\omega_i} \vartheta(z,\tau)\,dz \ .$$

Somit folgt

$$\int_{\partial\mathcal{F}} \vartheta(z,\tau)\,dz = \int_0^1 \vartheta(z,\tau)\,dz + \underbrace{\int_0^\tau \vartheta(z+1,\tau)\,dz}_{=\int_0^\tau \vartheta(z,\tau)\,dz} - \underbrace{\int_0^1 \vartheta(z+\tau,\tau)\,dz}_{=\int_0^1 \vartheta(z,\tau)\,dz - 2l} - \int_0^\tau \vartheta(z,\tau)\,dz$$

$$= 2l \ ,$$

das heißt φ besitzt genau $2l$ Nullstellen in einer Fundamentalmasche $\mathcal{F}$. $\qquad\square$

Wäre $\wp(z,\tau)$ eine holomorphe Jacobiform vom Gewicht 2 und dem Index 0, so hätte $\wp$ keine Nullstellen in einer Fundamentalmasche und damit überhaupt keine Nullstellen modulo Gitter. Dies widerspricht dem Abel'schen Theorem 2.2 aus Abschnitt 2.1.

4.3 Fourierentwicklung der $\wp$-Funktion

In Abschnitt 4.1 wurde postuliert, dass es sich bei der Weierstraß'schen $\wp$-Funktion um eine meromorphe Jacobiform vom Gewicht 2 und dem Index 0 handelt. Hierzu bleibt nach dem Beweis von Satz 4.6 nur noch die Eigenschaft (MJ3) aus Definition 4.5 nachzuweisen. Für $\wp(z, \tau)$ mit $z \in \mathbb{C}$ und $\tau \in \mathbb{H}$ lässt sich eine Entwicklung in der Form

$$\phi(z, \tau) = \sum_{s \geq h} c_s(z) q^s \quad \text{mit } 0 < |\zeta| < A \text{ und } 0 < |q| < B|\zeta|^N$$

schreiben, wobei $q := \exp(2\pi i \tau)$ und $\zeta := \exp(2\pi i z)$ mit den Konstanten $A, B, h \in \mathbb{Z}$, $N \in \mathbb{N}$ und Koeffizienten $c_s(z) \in \mathbb{C}(\zeta)$ gilt.

Wir starten zunächst mit zwei wichtigen Hilfsgleichungen.

Lemma 4.11. (Reihenentwicklungen.) *Für $z \in \mathbb{C}$ und $\tau \in \mathbb{H}$ gilt*

$$\pi \frac{\cos(\pi z)}{\sin(\pi z)} = \frac{1}{z} + \sum_{n=1}^{\infty} \left(\frac{1}{z-n} + \frac{1}{z+n} \right) \quad \text{und} \quad \pi \frac{\cos(\pi \tau)}{\sin(\pi \tau)} = \pi i - 2\pi i \sum_{s=0}^{\infty} q^s.$$

Beweis. Für die erste Gleichung betrachten wir die Produktentwicklung des Sinus

$$\sin(\pi z) = \pi z \prod_{n=1}^{\infty} \left(1 - \frac{z^2}{n^2} \right) = \pi z \prod_{n=1}^{\infty} \left(1 - \frac{z}{n} \right) \left(1 + \frac{z}{n} \right) \text{ für } z \in \mathbb{C},$$

die in [FB06, S.218] nachvollzogen werden kann. Durch logarithmische Ableitung und die bekannte Partialbruchentwicklung des Kotangens ergibt sich

$$\pi \frac{\cos(\pi z)}{\sin(\pi z)} = \pi \cot(\pi z) = \frac{1}{z} + \sum_{n=1}^{\infty} \frac{2z}{z^2 - n^2},$$

sodass wegen $\frac{2z}{z^2-n^2} = \frac{2z}{(z-n)\cdot(z+n)} = \frac{1}{z-n} + \frac{1}{z+n}$ die linke Gleichung folgt.
Um die zweite Gleichung nachzuweisen, verwenden wir

$$\cos(w) = \frac{\exp(iw) + \exp(-iw)}{2} \quad \text{und} \quad \sin(w) = \frac{\exp(iw) - \exp(-iw)}{2i}.$$

Also gilt $\cos(\pi \tau) = \frac{1}{2} \exp(-i\pi \tau) (q + 1)$ und $\sin(\pi \tau) = \frac{1}{2i} \exp(-i\pi \tau) (q - 1)$ mit $q = \exp(2\pi i \tau)$ und somit

$$\pi \frac{\cos(\pi \tau)}{\sin(\pi \tau)} = \pi i \frac{q+1}{q-1} = \pi i + \frac{2\pi i}{q-1} = \pi i - 2\pi i \sum_{s=0}^{\infty} q^s.$$

$\square$

Wir nutzen die Beziehungen aus Lemma 4.11, um die Fourierentwicklung der Weierstraß'schen $\wp$-Funktion gemäß [Lan87, Kap.4, §2] herzuleiten.

Satz 4.12. (Fourierentwicklung der $\wp$-Funktion I.) *Sei* $q = \exp(2\pi i \tau)$ *und* $\zeta = \exp(2\pi i z)$ *für* $\tau \in \mathbb{H}$ *und* $z \in \mathbb{C}$. *Unter der Bedingung* $|q| \leq \min\left(|\zeta|, |\zeta|^{-1}\right)$ *gilt*

$$\frac{1}{(2\pi i)^2}\wp(z, \tau) = \frac{1}{12} + \frac{\zeta}{(1-\zeta)^2} + \sum_{m=1}^{\infty}\sum_{n=1}^{\infty} n q^{mn}\left(\zeta^n + \zeta^{-n}\right) - 2\sum_{m=1}^{\infty}\sum_{n=1}^{\infty} n q^{mn}.$$

Beweis. In [KK13, S.49] wird die Gleichung

$$\sum_{\nu \in \mathbb{Z}}\frac{1}{(\nu + \tau)^k} = \frac{(-2\pi i)^k}{(k-1)!}\sum_{n \in \mathbb{N}} n^{k-1} q^n$$

für alle $\tau \in \mathbb{H}$ und ganzzahlige $k \geq 2$ bewiesen. Für den Fall $k = 2$ gilt also

$$P(\tau) := \sum_{\nu \in \mathbb{Z}}\frac{1}{(\nu + \tau)^2} = (2\pi i)^2 \sum_{n \in \mathbb{N}} n q^n = (2\pi i)^2 \frac{q}{(1-q)^2}. \tag{4.2}$$

Für die Weierstraß'sche $\wp$-Funktion

$$\wp(z, \tau) = \frac{1}{z^2} + \sum_{\gamma \in \Gamma\setminus\{0\}}\left(\frac{1}{(z+\gamma)^2} - \frac{1}{\gamma^2}\right)$$

$$= \frac{1}{z^2} + \sum_{(m,n)\in\mathbb{Z}^2\setminus\{(0,0)\}}\left(\frac{1}{(z+m\tau+n)^2} - \frac{1}{(m\tau+n)^2}\right)$$

gilt daraufhin unter folgender Aufteilung der Summe wie in [Lan87, S.45]

$$\wp(z, \tau) = \frac{1}{z^2} + \left(\sum_{m=0}\sum_{n\in\mathbb{Z}^\bullet} + \sum_{m\in\mathbb{Z}^\bullet}\sum_{n\in\mathbb{Z}}\right)\left(\frac{1}{(z+m\tau+n)^2} - \frac{1}{(m\tau+n)^2}\right)$$

$$= (2\pi i)^2 \frac{\zeta}{(1-\zeta)^2} - 2\zeta(2) + \sum_{m\in\mathbb{Z}^\bullet}\sum_{n\in\mathbb{Z}}\left(\frac{1}{(z+m\tau+n)^2} - \frac{1}{(m\tau+n)^2}\right)$$

$$= (2\pi i)^2 \frac{\zeta}{(1-\zeta)^2} - \frac{\pi^2}{3} + Q(z),$$

wobei

$$Q(z) = \sum_{m\in\mathbb{N}}\left(\sum_{n\in\mathbb{Z}}\left(\frac{1}{(z+m\tau+n)^2} + \frac{1}{(-z+m\tau+n)^2}\right) - 2\sum_{n\in\mathbb{Z}}\frac{1}{(m\tau+n)^2}\right).$$

Mit der Gleichung (4.2) folgt

$$P(\pm z + m\tau) = (2\pi i)^2 \sum_{n\in\mathbb{N}} n \exp\left(2\pi i n\left(\pm z + m\tau\right)\right) = (2\pi i)^2 \sum_{n\in\mathbb{N}} n \zeta^{\pm n} q^{mn}$$

und somit für die Reihe

$$Q(z) = \sum_{n \in \mathbb{N}} P(z + m\tau) + \sum_{m \in \mathbb{N}} P(-z + m\tau) - 2\sum_{m \in \mathbb{N}} P(m\tau)$$

$$= (2\pi i)^2 \left(\sum_{m \in \mathbb{N}} \sum_{n \in \mathbb{N}} nq^{mn}(\zeta^n + \zeta^{-n}) - 2\sum_{m \in \mathbb{N}} \sum_{n \in \mathbb{N}} nq^{mn} \right).$$

Dividiert man die $\wp$-Funktion durch $(2\pi i)^2 = -4\pi^2$, so folgt die Behauptung. $\square$

Korollar 4.13. *(Fourierentwicklung der $\wp$-Funktion II.)* Für $|q| \leq \min(|\zeta|, |\zeta|^{-1})$ gilt

$$\frac{1}{(2\pi i)^2}\wp(z, \tau) = \frac{1}{12} + \frac{1}{\zeta - 2 + \zeta^{-1}} + \sum_{n=1}^{\infty} \sum_{d|n} d\left(\zeta^d - 2 + \zeta^{-d}\right)q^n.$$

Beweis. Offensichtlich gilt $\frac{\zeta}{(1-\zeta)^2} = \frac{\zeta}{1-2\zeta+\zeta^2} = \frac{1}{\zeta-2+\zeta^{-1}}$. Setzt man $d := n$, dann teilt d das Produkt $p := mn$ aus Satz 4.12 und es folgt die Behauptung unmittelbar wegen

$$\sum_{m=1}^{\infty} \sum_{n=1}^{\infty} nq^{mn}\left(\zeta^n + \zeta^{-n}\right) = \sum_{p=1}^{\infty} \sum_{d|p} d\left(\zeta^d + \zeta^{-d}\right)q^p$$

und

$$-2\sum_{m=1}^{\infty} \sum_{n=1}^{\infty} nq^{mn} = \sum_{p=1}^{\infty} \sum_{d|p} d(-2)q^p.$$

$\square$

Mit den Sätzen 4.12 und 4.13 haben wir gesehen, dass die Weierstraß'sche $\wp$-Funktion eine Fourierentwicklung mit den Fourierkoeffizienten

$$a_n(\wp(z, \tau)) := (2\pi i)^2 a_n(\zeta) \text{ mit } a_n(\zeta) = \sum_{d|n} d\left(\zeta - 2 + \zeta^{-d}\right)$$

für $n > 0$ und $a_0(\wp(z, \tau)) = (2\pi i)^2 a_0(\zeta) = (2\pi i)^2 \left(\frac{1}{12} + \frac{1}{\zeta-2+\zeta^{-1}}\right)$ besitzt. Eine Berechnung der ersten Fourierkoeffizienten ergibt

$$a_1(\zeta) = \left(\zeta - 2 + \zeta^{-1}\right) \quad \text{und} \quad a_2(\zeta) = \left(2(\zeta^2 - 2 + \zeta^{-2}) + (\zeta - 2 + \zeta^{-1})\right)$$
$$= \left(2\zeta^2 + \zeta - 6 + \zeta^{-1} + 2\zeta^{-2}\right).$$

Die Fourierentwicklung kann also wie folgt geschrieben werden:

$$\frac{1}{(2\pi i)^2}\wp(z, \tau) = \frac{1}{12} + \frac{1}{\zeta - 2 + \zeta^{-1}} + \left(\zeta - 2 + \zeta^{-1}\right)q + \mathcal{O}(q^2).$$

5 Beweis der Nullstellenformel

Wir möchten in diesem Kapitel unsere bisherigen Erkenntnisse nutzen, um den expliziten Beweis der Nullstellenformel, die im folgenden Satz in Erinnerung gerufen wird, wie in [EZ82] zu führen.

Satz 5.1. *(**Nullstellen der Weierstraß'schen $\wp$-Funktion**) In einem Gitter $\Gamma = \mathbb{Z} \oplus \mathbb{Z}\tau$ ist eine Nullstelle der Weierstraß'schen $\wp$-Funktion gegeben durch*

$$z = m + \frac{1}{2} + n\tau \pm \left(\frac{\log(5 + 2\sqrt{6})}{2\pi i} + 144\pi i\sqrt{6} \int_\tau^{i\infty} (s - \tau)\frac{\Delta(s)}{E_6^{3/2}(s)}\, ds \right),$$

wobei E_6 die normalisierte Eisensteinreihe, Δ die Diskriminante aus Definition 2.14 sowie $m, n \in \mathbb{Z}$ sind und das Integral über den vertikalen Streifen $s = \tau + ix$ mit $x \in \mathbb{R}_+$ und $\tau \in \mathbb{H}$ ausgewertet wird.

Fundamental ist hierbei, dass aus der Kenntnis einer Nullstelle der $\wp$-Funktion alle weiteren Nullstellen aufgrund der Äquivalenz modulo Gitter und des Vorzeichens folgt (vgl. Korollar 2.7). Mit anderen Worten durchlaufen die Variablen m und n die ganzen Zahlen. Es stellt sich jedoch zum einen die Frage, warum das Integral überhaupt wohldefiniert ist und zum anderen ist unklar, wie der Exponent $\frac{3}{2}$ von E_6 zu verstehen ist.
Der Beweis erfolgt ausführlich über den Nachweis verschiedener Teilresultate und greift insbesondere ebendiese Schwierigkeiten auf.

Erinnerung: z_0-Funktion

In Kapitel 2 wurde die lokal konstruierte Funktion $z_0(\tau)$ auf dem analytischen Gebilde

$$\mathcal{N} = \{(z, \tau) \in \mathbb{C} \times \mathbb{H} \mid \wp(z, \tau) = 0\}$$

eingeführt und über die Äquivalenz (vgl. Korollar 2.7)

$$\wp(z, \tau) = 0 \Leftrightarrow z \equiv \pm z_0(\tau) \mod \Gamma = \mathbb{Z} \oplus \mathbb{Z}\tau$$

charakterisiert.

Insbesondere stellt sie eine lokal holomorphe Funktion außerhalb der Verzweigungspunkte mit dem Transformationsverhalten

$$z_0(\tau) = m + n\tau \pm (c\tau + d) \cdot z_0 \left(\frac{a\tau + b}{c\tau + d} \right) \quad \text{für } \left(\begin{smallmatrix} a & b \\ c & d \end{smallmatrix} \right) \in \mathrm{SL}_2(\mathbb{Z})$$

dar (vgl. Funktionalgleichung der z_0-Funktion in Abschnitt 4.1). Dies folgt unmittelbar
aus dem Transformationsverhalten der $\wp$-Funktion

$$\wp \left(\frac{z}{c\tau + d}, \frac{a\tau + b}{c\tau + d} \right) = (c\tau + d)^2 \wp(z, \tau)$$

als meromorphe Jacobiform vom Gewicht 2 und dem Index 0 (Satz 4.6) in einer Anwendung von Korollar 2.7.

Wir haben mehrfach erwähnt, dass die z_0-Funktion von den Verzweigungsästen der
Form $\tau \mapsto m + n\tau$ abhängt und stets nur eindeutig bis auf das Vorzeichen ist. Diese
Uneindeutigkeit haben wir über die Funktion $z_1(\tau)$ mit der Eigenschaft $z_1(\tau) = z_0''(\tau)^2$
für jeden Zweig von $z_0(\tau)$ behoben, die die folgende Proposition erfüllt.

Proposition 5.2. *(**Eigenschaften der z_1-Funktion**.) Für die Funktion $z_1(\tau) = z_0''(\tau)^2$ als
quadrierte, zweite Ableitung der z_0-Funktion gilt:*

(i) Die Funktion $z_1(\tau)$ besitzt eine Laurentreihenentwicklung der Form

$$z_1(\tau) = a_{-3}(\tau - \tau_0)^{-3} + a_{-2}(\tau - \tau_0)^{-2} + \cdots \quad \text{für Konstanten } a_{-3}, a_{-2}, \cdots \in \mathbb{C}$$

*und ist weg von den Verzweigungspunkten, den Nullstellen von E_6, eine global holomorphe
Funktion (vgl. Satz 3.17 und Korollar 3.18).*

(ii) $z_1(\tau)$ lässt sich als global meromorphe Funktion in der Form

$$z_1(\tau) = (c\tau + d)^{-6} \cdot z_1 \left(\frac{a\tau + b}{c\tau + d} \right) \quad \text{für } \left(\begin{smallmatrix} a & b \\ c & d \end{smallmatrix} \right) \in \mathrm{SL}_2(\mathbb{Z})$$

schreiben (vgl. Satz 4.7).

Die Eigenschaft (ii) zeigt, dass $z_1(\tau)$ eine meromorphe Modulform vom Gewicht 6 für
die volle Modulgruppe $\mathrm{SL}_2(\mathbb{Z})$ ist.

Konstruktion der ζ_0-Funktion

Wir nutzen zunächst die fundamentale Eigenschaft, dass $\wp(z_0(\tau), \tau) = 0$ sein muss (vgl.
Funktionalgleichung der z_0-Funktion in Abschnitt 4.1) und betrachten

$$\zeta_0(\tau) := \exp(2\pi i z_0(\tau)) \quad \text{für } \tau \in S \,.$$

Dann ist $\zeta_0(\tau)$ periodisch mit Periode 1 und es gilt die Wohldefiniertheit in den Spitzen mit dem Grenzwert $\lim_{\tau \to i\infty} \zeta_0(\tau) = -\varepsilon^{\pm 1}$.

Lemma 5.3. *(Wohldefiniertheit der ζ_0-Funktion in den Spitzen)* *Für die lokale Funktion $z_0(\tau)$ wird durch Wechsel auf einen Zweig für $n\tau = 0$ die Konvergenz der ζ_0-Funktion gewährleistet, das heißt der Grenzwert $\tau \to i\infty$ existiert und es gilt*

$$\lim_{\tau \to i\infty} \zeta_0(\tau) = -\varepsilon^{\pm 1} \quad \text{für } \varepsilon := 5 + 2\sqrt{6}.$$

Es ist nicht offensichtlich klar, wie eine lokal konstruierte Funktion überhaupt in den Spitzen definiert sein soll. Wir wissen jedoch nach Korollar 2.7, dass die z_0-Funktion in einer kleinen Umgebung eine Nullstelle der Weierstraß'sche $\wp$-Funktion repräsentiert. Da zu dieser Funktion eine Fourierentwicklung aus Abschnitt 4.3 bekannt ist, wird das Lemma darüber nachgewiesen, dass die q-Entwicklung der $\wp$-Funktion in $q = 0$ einen endlichen ζ-Wert besitzt. Hierbei berücksichtigen wir die gewohnten Bezeichnungen $q := \exp(2\pi i \tau)$ und $\zeta := \exp(2\pi i z)$ für $\tau \in \mathbb{H}$ und $z \in \mathbb{C}$.

Beweis. Wir berechnen zunächst den expliziten Grenzwert und begründen daraufhin seine Existenz.

Schritt 1: Berechnung des Grenzwertes
Wir erinnern an die ersten Terme der Fourierentwicklung aus Korollar 4.13

$$\frac{1}{(2\pi i)^2} \wp(z, \tau) = \frac{1}{12} + \frac{1}{\zeta - 2 + \zeta^{-1}} + \left(\zeta - 2 + \zeta^{-1} \right) q + \mathcal{O}(q^2)$$

Für $q = 0$ betrachten wir den Fourierkoeffizienten $a_0(\zeta)$ wie am Ende von Abschnitt 4.3 und erhalten

$$0 = a_0(\zeta) = \frac{1}{12} + \frac{1}{\zeta - 2 + \zeta^{-1}} \Leftrightarrow -12 = \zeta - 2 + \zeta^{-1} \Leftrightarrow \zeta^2 + 10\zeta - 1 = 0.$$

Unter Anwendung der Mitternachtsformel ergibt sich $\zeta = -5 \pm \sqrt{24} = -5 \pm 2\sqrt{6}$ und damit die Behauptung $\lim_{\tau \to i\infty} \zeta_0(\tau) = -\varepsilon^{\pm 1}$ mit $\varepsilon = 5 + 2\sqrt{6}$.

Schritt 2: Existenz des Grenzwertes
Mit der Fourierentwicklung der $\wp$-Funktion aus Satz 4.12 können wir die $\wp$-Funktion in den Variablen z und q auffassen. Wird z fixiert, so können wir den existierenden Grenzwert $\tau \to i\infty$ durch $q \to 0$ verstehen. Nun kann die $\wp$-Funktion in $q = 0$ für festes z holomorph fortgesetzt werden. Umgekehrt ist $\wp(z, q)$ für festes q auch holomorph in z. Nach dem Satz von Hartogs (Satz 2.4) ist die $\wp$-Funktion somit holomorph in $(z, i\infty)$. Die Punkte $(z, \tau) = (\zeta, i\infty)$ sind nun Nullstellen der Weierstraß'schen $\wp$-Funktion. Dann ergänzen wir das analytische Gebilde $\mathcal{N}$ der Nullstellenmenge der $\wp$-Funktion um diese beiden Punkte. Wegen dem Satz über die implizite holomorphe Funktion (Satz 2.5) gibt

es eine lokal holomorphe Funktion in einer Umgebung von $(\zeta, i\infty)$. Also existiert der Grenzwert $\tau \to i\infty$ für die z_0-Funktion und muss einer der Punkte $(\zeta, i\infty)$ sein. □

Wir haben also $\zeta = -\varepsilon^{\pm 1}$ erhalten, weswegen aus $z = \frac{1}{2\pi i} \log(\zeta)$ gemäß [EZ82, S.402]

$$z = m + \frac{1}{2} \pm \frac{1}{2\pi i} \log(\varepsilon) \quad \text{für } m \in \mathbb{Z}$$

resultiert. Da jeder Zweig der z_0-Funktion für $\tau \to i\infty$ gegen jeden der Werte von z strebt, ergibt sich das folgende Korollar.

Korollar 5.4. *(explizite Darstellung der z_0-Funktion I.) Die z_0-Funktion genügt für ein beliebiges τ der lokal-expliziten Darstellung*

$$z_0(\tau) = m + \frac{1}{2} \pm \frac{1}{2\pi i} \left(\log(\varepsilon) + Aq + Bq^2 + \mathcal{O}(q^3) \right)$$

mit den Konstanten $A, B \in \mathbb{C}$ und $m \in \mathbb{Z}$, das vom Zweig von $z_0(\tau)$ abhängt.

Wir geben an dieser Stelle jedoch zu bedenken, dass diese Aussage nur für jene Zweige gilt, bei denen $z_0(\tau)$ überhaupt für $\tau \to i\infty$ konvergiert. Falls nämlich ein Zweig konvergiert, so kann der um $n\tau$ für $n \in \mathbb{Z}$ verschobene Zweig nicht konvergieren. Nichtsdestotrotz genügt uns hier die Tatsache, dass es einen in $i\infty$ konvergierenden Zweig und sich alle anderen Zweige nur um das Vorzeichen und Gittertranslationen unterscheiden. Zum ersten Mal in der gesamten Arbeit haben wir uns somit eine explizite Darstellung der z_0-Funktion für jeden einzelnen Zweig erarbeitet. Nichtsdestotrotz liegen bisher noch zwei Unbekannte in den Koeffizienten A und B vor. Deren Berechnung greifen wir später wieder auf.

Konstruktion der z_2-Funktion

In Satz 3.17 wurde die eindeutige, meromorphe Funktion $z_1(\tau) = z_0''(\tau)^2$ behandelt und eine Laurentreihe hergeleitet. Hieraus wird ersichtlich, dass die z_1-Funktion Polstellen mit höchstens dritter Ordnung in den Verzweigungspunkten τ besitzt. Dabei sind die Verzweigungspunkte gerade die Nullstellen von E_6. Also möchten wir im Folgenden eine Funktion konstruieren, für die diese Pole nicht mehr auftreten.

Satz 5.5. *(Eigenschaften der z_2-Funktion.) Sei $z_2(\tau)$ die eindeutige Funktion für alle $\tau \in \mathbb{H}$ als Produkt der Funktion $z_1(\tau) = z_0''(\tau)^2$ und der dritten Potenz der normalisierten Eisensteinreihe E_k vom Gewicht $k = 6$, das heißt*

$$z_2 : \mathbb{H} \to \mathbb{C}, \tau \mapsto z_1(\tau) \cdot E_6^3(\tau).$$

Dann ist $z_2(\tau)$ eine holomorphe Modulform vom Gewicht 24 zur vollen Modulgruppe $\mathrm{SL}_2(\mathbb{Z})$.

Beweis. Nach Korollar 3.18 besitzt die Funktion $z_1(\tau)$ Polstellen höchstens dritter Ordnung in den Nullstellen der normalisierten Eisensteinreihe E_6 vom Gewicht 6. Um zu einer global holomorphen Funktion zu gelangen, müssen die Singularitäten behoben werden: so entsteht $z_2(\tau) = z_1(\tau)E_6^3(\tau)$ für alle $\tau \in \mathbb{H}$. Nach Satz 4.7 besitzen sowohl $z_1(\tau)$ als auch $E_6(\tau)$ das Gewicht 6, sodass für das Produkt eine Modulform vom Gewicht $6 + 6 \cdot 3 = 24$ resultiert. Per Konstruktion und mit Satz 2.18(i) ist bekannt, dass $\lim_{\tau \to i\infty} E_6(\tau) = 1$ gilt. Um die Beschränktheit von $z_2(\tau)$ in ∞ nachzuweisen, fehlt also nur noch, dass $z_1(\tau)$ beschränkt in ∞ ist. Analog zum Beweis der Existenz des Grenzwertes von $z_0(\tau)$ in ∞ für Lemma 5.3 können wir $z_2(\tau)$ jedoch als holomorph in einer Umgebung von ∞ auffassen. Dann folgt, dass $z_2(\tau)$ beschränkt in ∞ ist. $\qquad\square$

Dass die Modulform $z_2(\tau)$ vom Gewicht 24 ist, ermöglicht uns, sie durch einen Erzeuger des Raums $\mathfrak{M}_{24}$ zu beschreiben. Dies erfolgt im folgenden Lemma.

Lemma 5.6. *(Charakterisierung der z_2-Funktion.) Die Funktion $z_2(\tau)$ besitzt in den Spitzen Nullstellen von mindestens zweiter Ordnung und lässt sich als Vielfaches von Δ^2 für die Diskriminantenfunktion Δ aus Definition 2.14 schreiben.*

Beweis. Der Beweis erfolgt auf ähnliche Weise wie der Beweis der Existenz des Grenzwertes in den Spitzen aus Lemma 5.3. $\qquad\square$

Bereits in Abschnitt 2.2 wurde ersichtlich, dass ein Spezialfall für $\tau = i$ bzw. alle durch Möbiustransformation äquivalenten Punkte $\tau = Mi$ für $M \in \mathrm{SL}_2(\mathbb{Z})$ vorliegt. Später haben wir mit der Überlagerungstheorie gezeigt, dass dies genau die Verzweigungspunkte der Projektion $\pi_2 : \mathcal{N}_{\mathrm{loc}} \to D, (z, \tau) \mapsto \tau$ sind (vgl. Beweis zu Satz 3.14). Wir betrachten im Folgenden also stets den Streifen der oberen Halbebene, für den keine Verzweigung mehr vorliegt: Dies gilt offensichtlich für

$$S := \{\tau \in \mathbb{H} \mid \mathrm{Im}(\tau) > 1\} \,.$$

Da S einfach zusammenhängendes Gebiet in $\mathbb{C}$ ist, muss S ein Elementargebiet sein (vgl. [FB06, S.241]). Dies ermöglicht uns das Bilden einer holomorphen Wurzel und einer Stammfunktion, um die Funktion $z_2(\tau)$ zunächst auf $\sqrt{z_2(\tau)}$ und dann auf $z_0(\tau)$ zurückzuziehen. Wir formulieren nach [FB06, S.249] die dazugehörige Aussage ohne Beweis.

Lemma 5.7. *(Existenz einer Quadratwurzel.) Sei $D \subseteq \mathbb{C}$ ein Elementargebiet. Dann besitzt jede in D nullstellenfreie, analytische Funktion eine analytische Quadratwurzel.*

Aus Satz 2.18(ii) geht hervor, dass $\Delta(\tau)$ nullstellenfrei für $\tau \in \mathbb{H}$, also insbesondere nullstellenfrei in S ist. Nach Lemma 5.7 gilt mit $c \in \mathbb{C}$ also für eine Konstante C_0

$$\pm\sqrt{z_2(\tau)} = \pm\sqrt{c\frac{\Delta^2(\tau)}{E_6^3(\tau)}} = \pm C_0 \frac{\Delta(\tau)}{E_6^{3/2}(\tau)} \quad \text{für } \tau \in S \,.$$

Wie am Ende von Abschnitt 2.2 angegeben, besitzt Δ die Fourierentwicklung

$$\Delta(\tau) = (2\pi)^{12} \sum_{n=1}^{\infty} \tau(n)q^n = (2\pi)^{12}(q + \cdots),$$

da $\tau(1) = 1$. Gemäß [KK13, S.161] gilt für die Fourierentwicklung der normalisierten Eisensteinreihe

$$E_k(\tau) = 1 - \frac{2k}{B_k} \sum_{m=1}^{\infty} \sigma_{k-1}(m)q^m$$

für ein beliebiges, gerades $k \geq 4$ und Bernoulli-Zahlen B_k. Konkret ergibt sich also

$$E_6(\tau) = 1 - 504 \sum_{m=1}^{\infty} \sigma_5(m)q^m = 1 - 504q - \cdots.$$

Wir erhalten

$$a_0(\Delta) = 0 \text{ und } a_1(\Delta) = 1 \quad \text{bzw.} \quad a_0(E_6) = 1 \text{ und } a_0(E_6) = -504 \qquad (5.1)$$

Auf Basis dessen ist der erste Fourierkoeffizient von $\Psi(\tau) := \frac{\Delta(\tau)}{E_6^{3/2}(\tau)}$ zu bestimmen.

Lemma 5.8. *(1.Fourierkoeffizient von $\Psi(\tau)$.) Die Funktion $\Psi(\tau) = \frac{\Delta(\tau)}{E_6^{3/2}(\tau)}$ besitzt für ein im Elementargebiet $S = \{\tau \in \mathbb{H} \mid Im(\tau) > 1\}$ liegendes τ die Fourierentwicklung*

$$\Psi(\tau) = \pm q + \mathcal{O}(q^2),$$

das heißt es gilt $a_1(\Psi) = \pm 1$ für den ersten Fourierkoeffizienten von Ψ.

Für den Beweis benötigen wir das Prinzip des Invertierens von Potenzreihen.

Proposition 5.9. *(Invertieren von Potenzreihen.) Sei $P(q) = \sum_{n=0}^{\infty} a_n q^n$ eine gegebene Potenzreihe in der Variable q mit bekannten Koeffizienten $a_n \in \mathbb{C}$ für alle n. Setze $Q(q) = \sum_{m=0}^{\infty} b_m q^m$ mit unbekannten Koeffizienten $b_m \in \mathbb{C}$ für alle m. Bildet man das Produkt $P(q) \cdot Q(q) = 1$ mit Cauchy-Faltung erhält man:*
(i) konstanter Term $b_0 a_0 = 1$, also $b_0 = \frac{1}{a_0}$,
(ii) linearer Term $(b_0 a_1 + b_1 a_0)q = 0$, also $b_1 = -\frac{b_0}{a_0}a_1$.

Beweis. Die Fourierkoeffizienten von $\Delta(\tau)$ und $E_6(\tau)$ sind gemäß der Gleichung (5.1) bekannt. Wir benötigen $a_0\left(E_6^{-3/2}\right)$, um per Cauchy-Faltung auf $a_1(\Psi)$ zu schließen. Da Ψ auf einem Elementargebiet definiert ist, lässt sich die analytische Quadratwurzel von E_6 bilden, sodass auch $E_6^{1/2}$ gleichermaßen eine Fourierentwicklung besitzt. Da die Wurzel nur eindeutig bis auf das Vorzeichen ist, erhalten wir durch Cauchy-Faltung

$$a_0 \left(E_6^{1/2} \right) = \pm 1 .$$

Auch in der dritten Potenz bleibt dieser Koeffizient bestehen. Um die Betrachtung auf Ψ zurückzuführen, müssen wir $E_6^{3/2}$ noch invertieren und mit $\Delta(\tau)$ falten. Gemäß der vorherigen Proposition gilt auch beim Invertieren weiter $a_0 \left(E_6^{-3/2} \right) = \pm 1$. Insgesamt ergibt sich für den ersten Fourierkoeffizienten von Ψ damit

$$a_1(\Psi) = a_0(\Delta) a_1 \left(E_6^{-3/2} \right) + a_0 \left(E_6^{-3/2} \right) a_1(\Delta) = (\pm 1) \cdot 1 = \pm 1 .$$

$\square$

Man erhält also die folgende Gleichung nach Bilden der analytischen Wurzel, die nur eindeutig bis auf ein Vorzeichen ist:

$$z_0''(\tau) = \pm C_0 \frac{\Delta(\tau)}{E_6^{3/2}(\tau)} = \pm C_0 \left(q + \mathcal{O}(q^2) \right) .$$

Korollar 5.10. *(explizite Darstellung der z_0-Funktion II.)* *Die z_0-Funktion genügt für ein beliebiges $\tau \in S = \{ \tau \in \mathbb{H} \mid Im(\tau) > 1 \}$ der lokal-expliziten Darstellung*

$$z_0(\tau) = C_1 + C_2 \tau \pm C_0 \int_\tau^{i\infty} \frac{\Delta(s)}{E_6^{3/2}(s)} (s - \tau) \, ds$$

$$= C_1 + C_2 \tau \mp \frac{C_0}{4\pi^2} \left(q + \mathcal{O}(q^2) \right)$$

mit den Konstanten $C_0, C_1, C_2 \in \mathbb{C}$.

Beweis. Mit zweifachem Integrieren über dem Elementargebiet S erhält man zunächst

$$z_1(\tau) = C_2 + \int_\tau^{i\infty} \pm C_0 \frac{\Delta(\tau)}{E_6^{3/2}(\tau)} \, d\tau = C_2 \pm C_0 \int_\tau^{i\infty} \frac{\Delta(\tau)}{E_6^{3/2}(\tau)} \, d\tau$$

und dann mit partieller Integration

$$z_0(\tau) = C_1 + C_2 \tau \pm C_0 \int_\tau^{i\infty} \frac{\Delta(s)}{E_6^{3/2}(s)} (s - \tau) \, ds ,$$

wobei $C_1, C_2 \in \mathbb{C}$ beliebige Konstanten sind. Für die zweite Gleichung bemerken wir, dass beim Bilden einer Stammfunktion von q der zusätzliche Faktor $\frac{1}{2\pi i}$ entsteht. Nach zweimaligem Anwenden folgt $-\frac{1}{4\pi^2}$ und damit die Behauptung. $\square$

Erneut sind wir auf eine weitere explizite Darstellung der z_0-Funktion gestoßen. Schlussendlich müssen wir noch die Konstanten C_0, C_1 und C_2.

Berechnung der Konstanten C_0, C_1, C_2

Unter Kenntnis der lokal-expliziten Darstellung der z_0-Funktion aus Korollar 5.4

$$z_0(\tau) = m + \frac{1}{2} \pm \frac{1}{2\pi i} \left(\log(\varepsilon) + Aq + Bq^2 + \mathcal{O}(q^3) \right)$$

erhält man durch Einsetzen von $\zeta_0(\tau) = \exp(2\pi i z_0(\tau))$ für $\tau \in S$ wie in [EZ82, S.402]

$$\zeta_0(\tau) = -\varepsilon^{\pm 1} \left(1 + Aq + \left(\frac{A^2}{2} + B \right) q^2 + \mathcal{O}(q^3) \right)^{\pm 1} \quad \text{mit } \varepsilon = 5 + 2\sqrt{6}.$$

Satz 5.11. *(Berechnung der Konstanten A, B.) Für die aus Korollar 5.4 stammenden Konstanten $A, B \in \mathbb{C}$ gilt*

$$A = \pm 72\sqrt{6} \quad und \quad B = \pm 13176\sqrt{6} = 183A.$$

Beweis. Es ist bekannt, dass $\wp(z_0(\tau), \tau) = 0$ und damit alle Koeffizienten der Fourierentwicklung der $\wp$-Funktion verschwinden müssen, falls ζ_0 hierin eingesetzt wird und nach den Potenzen von q entwickelt wird. Das explizite Nachrechnen der Werte von A und B sei dem Leser überlassen. $\qquad\square$

Unter Kenntnis von A und B liegen uns nun zwei Entwicklung der z_0-Funktion vor:

1. Nach Korollar 5.4 und Satz 5.11 gilt die durch Wahl eines Zweiges explizite Formel

$$z_0(\tau) = m + \frac{1}{2} \pm \frac{1}{2\pi i} \left(\log(\varepsilon) + 72\sqrt{6}q + 13176\sqrt{6}q^2 + \mathcal{O}(q^3) \right),$$

2. Nach Korollar 5.10 gilt die für jeden Zweig definierte Formel

$$z_0(\tau) = C_1 + C_2\tau \mp \frac{C_0}{4\pi^2} \left(q + \mathcal{O}(q^2) \right)$$

Wir erhalten zunächst unmittelbar $C_2 = n$ für $n \in \mathbb{Z}$, um das Problem in 1. zu beheben, dass ein Zweig von $z_0(\tau)$ gewählt wurde.
Durch termweises Vergleichen erhält man weiter für $m \in \mathbb{Z}$ wie in [EZ82, S.403]

$$C_0 = \pm 144\pi i\sqrt{6} \quad und \quad C_1 = m + \frac{1}{2} \pm \frac{1}{2\pi i} \log(\varepsilon).$$

Die Nullstellenformel von M.Eichler und D.Zagier folgt mit Korollar 5.10:

$$z = m + \frac{1}{2} + n\tau \pm \left(\frac{\log(5 + 2\sqrt{6})}{2\pi i} + 144\pi i\sqrt{6} \int_\tau^{i\infty} (s - \tau)\frac{\Delta(s)}{E_6^{3/2}(s)} \, ds \right).$$

6 Ausblick

Uns ist nun bekannt, wie die Nullstellen der Weierstraß'schen $\wp$-Funktion in einem vorgegebenen Gitter $\Gamma = \mathbb{Z} \oplus \mathbb{Z}\tau$ berechnet werden können. Dabei haben wir die $\wp$-Funktion als meromorphe Jacobiform vom Gewicht 2 und dem Index 0 kennengelernt. In diesem Kapitel geben wir einen Ausblick darüber, welche weiteren Funktionen in Bezug zur Weierstraß'schen $\wp$-Funktion stehen.

Erste Weber-Funktion

Wie in [CK03, S.3312] lässt sich die Weierstraß'sche $\wp$-Funktion hinsichtlich $\tau \in \mathbb{H}$ in der Form

$$f_0(z, \tau) := \left(-2^7 \cdot 3^5 \frac{g_2(\tau)g_3(\tau)}{(2\pi i)^{12}\Delta(\tau)} \right) \wp(z, \tau)$$

für $z \in \mathbb{C}$ mit den Weierstraß-Invarianten aus Abschnitt 2.1 und der Diskriminante aus Definition 2.14 normalisieren. Diese Funktion heißt erste Weber-Funktion zu einem Gitter $\Gamma = \mathbb{Z} \oplus \mathbb{Z}\tau$. Aus Gewichtsgründen ergibt sich, dass $f_0(z, \tau)$ eine meromorphe Jacobiform vom Gewicht 0 und dem Index 0 ist. Per Definition gilt also

$$f_0(z + m + n\tau, \tau) \stackrel{\text{(MJ1)}}{=} f_0(z, \tau) \stackrel{\text{(MJ2)}}{=} f_0 \left(\frac{z}{c\tau + d}, \frac{a\tau + b}{c\tau + d} \right)$$

für alle $m, n \in \mathbb{Z}$ und Matrizen $\left(\begin{smallmatrix} a & b \\ c & d \end{smallmatrix} \right) \in \text{SL}_2(\mathbb{Z})$. Damit folgt:

Korollar 6.1. (Nullstellen der ersten Weber-Funktion.) *Die Nullstellen der ersten Weber-Funktion $f_0(z, \tau)$ sind identisch mit den Nullstellen der Weierstraß'schen $\wp$-Funktion aus Satz 5.1.*

Jacobi-Eisensteinreihe

Wir erinnern nun an die Definition 4.9 einer Jacobi-Eisensteinreihe und postulieren die folgende Fourierentwicklung. Diese wird in [EZ85, Kap.I, §2] ausführlich bewiesen.

Proposition 6.2. *(Fourierentwicklung von $G_{k,l}$.)* *Die Jacobi-Eisensteinreihe $G_{k,l}$ ist eine nicht-triviale Jacobiform vom Gewicht k und dem Index l und konvergiert für jedes gerades $k \geq 4$. Die Fourierentwicklung ist gegeben durch*

$$G_{k,l}(z, \tau) = \sum_{s=0}^{\infty} \sum_{\substack{r \in \mathbb{Z} \\ r^2 \leq 4ls}} e_{k,l}(r, s) q^s \zeta^r \,,$$

wobei $q := \exp(2\pi i \tau), \zeta := \exp(2\pi i z)$ und die Koeffizienten $e_{k,l}(r, s)$ in der Form

$$e_{k,l}(r, s) = \frac{\sigma_{k-1}(l)^{-1}}{\zeta(3 - 2k)} \sum_{d|(r,s,l)} d^{k-1} H\left(k - 1, \tfrac{4ls - r^2}{d^2}\right)$$

mit der Cohen-Funktion $H(k - 1, N) = L_{-N}(2 - k)$ geschrieben werden können.

Im Spezialfall $l = 1$ und unter Ausnutzen konkreter Werte von $H(k - 1, N)$ ergibt sich wie in [EZ85, S.23]

$$G_{4,1}(z, \tau) = 1 + \left(\zeta^2 + 56\zeta + 126 + 56\zeta^{-1} + \zeta^{-2}\right) q + \mathcal{O}(q^2)$$

und

$$G_{6,1}(z, \tau) = 1 + \left(\zeta^2 - 88\zeta - 330 - 88\zeta^{-1} + \zeta^{-2}\right) q + \mathcal{O}(q^2)$$

Gemäß [EZ85, S.38] erhält man den Quotienten

$$\frac{G_{6,1}(z, \tau)}{G_{4,1}(z, \tau)} = 1 - \left(144\zeta + 456 + 144\zeta^{-1}\right) q + \mathcal{O}(q^2) \,,$$

der von der Variable z abhängt und somit nicht als Quotient zweier Modulformen aufgefasst werden kann. Also ist die Abbildung

$$\mathfrak{M}_{k-4} \oplus \mathfrak{M}_{k-6} \to \mathfrak{J}_{k,1}, (f, g) \mapsto f(z)G_{4,1}(z, \tau) + g(z)G_{6,1}(z, \tau)$$

injektiv. Es folgt aus Dimensionsgründen sogar

$$\dim \mathfrak{M}_{k-4} + \dim \mathfrak{M}_{k-6} = \dim \mathfrak{M}_k + \dim \mathfrak{S}_{k+2} \text{ für alle } k \,.$$

Konkret lässt sich weiter zeigen, dass der Raum $\mathfrak{J}_{8,1}$ eindimensional mit dem Erzeuger $G_{8,1} = G_4 \cdot G_{4,1}$ für die Eisensteinreihe $G_4 \in \mathfrak{M}_4$ vom Gewicht 4 als Modulform in einer Variable ist (vgl. [EZ85, S.38]). Wie in [Wei20, S.15] erhält man somit die ersten Jacobi-Spitzenformen vom Gewicht 10 bzw. 12 und dem Index 1 über

$$\phi_{10,1} = \frac{1}{144}\left(G_6 G_{4,1} - G_4 G_{6,1}\right) \quad \text{und} \quad \phi_{12,1} = \frac{1}{144}\left(G_8 G_{4,1} - G_6 G_{6,1}\right).$$

Beide Funktionen stellen holomorphe Jacobiformen, die wir im Abschnitt 4.1 studiert haben, dar (vgl. [Wei20, S.15]) und besitzen die Fourierentwicklungen

$$\phi_{10,1}(z,\tau) = \left(\zeta - 2 + \zeta^{-1}\right)q + \left(-2\zeta^2 - 16\zeta + 36 - 16\zeta^{-1} - 2\zeta^{-2}\right)q^2 + \mathcal{O}(q^3)$$

und

$$\phi_{12,1}(z,\tau) = \left(\zeta + 10 + \zeta^{-1}\right)q + \left(10\zeta^2 - 88\zeta - 132 - 88\zeta^{-1} + 10\zeta^{-2}\right)q^2 + \mathcal{O}(q^3).$$

Für den Quotienten $\frac{\phi_{12,1}}{\phi_{10,1}}$ ergibt sich

$$\frac{\phi_{12,1}(z,\tau)}{\phi_{10,1}(z,\tau)} = \frac{\zeta + 10 + \zeta^{-1}}{\zeta - 2 + \zeta^{-1}} + 12\left(\zeta - 2 + \zeta^{-1}\right)q + \mathcal{O}(q^2).$$

und damit wie in [EZ85, S.39] gerade die Gleichung

$$\frac{\phi_{12,1}(z,\tau)}{\phi_{10,1}(z,\tau)} = -\frac{3}{\pi^2}\wp(z,\tau)$$

mit der Weierstraß'schen $\wp$-Funktion.

Korollar 6.3. (Nullstellen von $\phi_{12,1}$.) *Die Nullstellen der Funktion $\phi_{12,1}$ sind identisch mit den Nullstellen der Weierstraß'schen $\wp$-Funktion aus Satz 5.1. Insbesondere gilt für eine konkrete Nullstelle $z_0 \in \mathbb{C}$*

$$\frac{G_8(\tau)}{G_6(\tau)} = \frac{G_{6,1}(z_0, \tau)}{G_{4,1}(z_0, \tau)}.$$

Literatur

[CK03] Youngju Choie und Winfried Kohnen. *Special values of elliptic functions at points of divisors of Jacobi forms*. Bd. 131 (11). S. 3309–3317. Proceedings of the American Mathematical Society, 2003.

[EZ82] Martin Eichler und Don Zagier. *On the Zeros of the Weierstrass $\wp$-Function*. Mathematische Annalen, 1982.

[EZ85] Martin Eichler und Don Zagier. *The Theory of Jacobi Forms*. Springer-Verlag, 1985.

[FB06] Eberhard Freitag und Rolf Busam. *Funktionentheorie 1*. Springer-Verlag, 2006.

[For37] Otto Forster. *Lectures on Riemann surfaces*. Springer-Verlag, 1937.

[For77] Otto Forster. *Riemannsche Flächen*. Springer-Verlag, 1977.

[KK13] Max Koecher und Aloys Krieg. *Elliptische Funktionen und Modulformen*. Springer-Verlag, 2013.

[Kra92] Steven G. Krantz. *Function Theory of Several Complex Variables*. AMS Chelsea Publishing, 1992.

[Lan87] Serge Lang. *Elliptic functions*. Springer-Verlag, 1987.

[Osg99] William F. Osgood. *Note über analytische Funktionen mehrerer Veränderlichen*. Bd. 52. S. 462–464. Mathematische Annalen, 1899.

[Str12] Duco van Straten. *Skript Riemannsche Flächen & algebraische Kurven*. 2012.

[Wei20] Miriam Weigel. *Jacobiformen und L-Funktionen*. 2020.

[Wei21] Rainer Weissauer. *Skript Funktionentheorie 1 & 2*. 2021.

[Zag92] Don Zagier. *From Number Theory to Physics*. Springer-Verlag, 1992, S. 239–291.

Abbildungsverzeichnis

Endnoten

[1] https://de.wikipedia.org/wiki/Eisensteinreihe

[2] https://de.wikipedia.org/wiki/Weierstraßsche_$\wp$-Funktion

[3] https://tex.stackexchange.com/questions/348/how-to-draw-a-torus

[4] https://ncatlab.org/nlab/show/Topologie